高职高专"十三五"规划教材

机器人创新与实践教程

——基于MT-U智能机器人

主　编　刘映群　解相吾

参　编　王洪荣　季红如　施成章

　　　　刘　涛　许　哲　孙　强

　　　　陈年生　佘明辉　何国新

主　审　韩　娜

机械工业出版社

本书基于机器人创新教育平台，按照"做中学、学中做"的教学理念组织教学内容，旨在培养学生的创新思维和实践能力。主要内容包括 MT-U 智能机器人平台介绍、MT-U 智能机器人的系统结构、MT-U 智能机器人的主要部件、编程——赋予 MT-U 智能机器人智慧、MT-U 智能机器人 C 语言快速入门以及 MT-U 智能机器人实训等。

本书可作为高职高专院校电子信息工程技术、应用电子技术、电气自动化技术等专业相关课程的教材，也可以作为应用型本科、技能竞赛以及开展创新教育的相关培训教材，还可作为其他相关专业技术人员的技术参考书。

为方便教学，本书配有免费电子课件、习题答案、模拟试卷及答案等，凡选用本书作为授课教材的学校，均可来电（010-88379564）或邮件（cmpqu@163.com）索取，有任何技术问题也可通过以上方式联系。

图书在版编目（CIP）数据

机器人创新与实践教程：基于 MT-U 智能机器人/刘映群，解相吾主编. —北京：机械工业出版社，2015.12

高职高专"十三五"规划教材

ISBN 978-7-111-52519-6

Ⅰ.①机…　Ⅱ.①刘…②解…　Ⅲ.①智能机器人-高等职业教育-教材　Ⅳ.TP242.6

中国版本图书馆 CIP 数据核字（2015）第 307969 号

机械工业出版社（北京市百万庄大街 22 号　邮政编码 100037）

策划编辑：曲世海　责任编辑：曲世海　韩　静
封面设计：陈　沛　责任印制：李　洋
三河市国英印务有限公司印刷
2016 年 2 月第 1 版第 1 次印刷
184mm×260mm · 13.25 印张 · 326 千字
标准书号：ISBN 978-7-111-52519-6
定价：29.00 元

凡购本书，如有缺页、倒页、脱页，由本社发行部调换

电话服务　　　　　　　　　　网络服务
服务咨询热线：010-88379833　机工官网：www.cmpbook.com
读者购书热线：010-88379649　机工官博：weibo.com/cmp1952
　　　　　　　　　　　　　　教育服务网：www.cmpedu.com
封面无防伪标均为盗版　　金书网：www.golden-book.com

前　　言

大学生自主创新能力越来越受到广泛的关注，同时又是目前教学中的薄弱环节，因此，大学生创新平台的建设有着极其重要的意义。智能机器人是具有感知、思维和行动功能的机器，是机构学、自动控制、计算机、人工智能、微电子学、光学、通信技术、传感技术、仿生学等多种学科和技术的综合成果，是很好的研究和实验平台。

为适应现代高等职业教育的教学发展和规律，本书进行了较多的改革尝试。主要特点包括：

1）本书作为校企合作、工学结合的特色改革教材，强调综合技术应用，注意实践能力的提高，有利于培养学生的创新思维，重点突出对学生职业技能的培养。

2）本书按照"学中做，做中学"的教学理念组织教学内容。

3）本书编写的内容基于上海英集斯自动化技术有限公司开发的 MT-U 智能机器人，该机器人是专门为大学进行课程教学、工程训练、科技创新以及研究服务的新型移动智能机器人。

4）本书中所有实例已通过 MT-U 智能机器人验证。

本书是 2013 年度广东省高等职业教育教学改革立项项目"机器人创新教育研究与实践"（项目编号：20130301018）支持的校企合作、工学结合的特色改革教材，由广东岭南职业技术学院牵头与上海英集斯自动化技术有限公司合作完成。全书由刘映群、解相吾主编，刘映群负责全书内容的组织并统稿，解相吾负责审查定稿。参加编写的人员还有王洪荣、季红如、施成章、刘涛、许哲、孙强、陈年生、佘明辉和何国新。

上海英集斯自动化技术有限公司总经理王洪荣对本书提出了很多宝贵意见，机械工业出版社的编辑对本书的编写工作也给予了大力支持，在此对他们致以衷心的感谢。在本书编写过程中，编者还参考了许多文献及网络资料，在此一并向这些作者表示感谢。

限于编者经验、水平，书中难免存在不足与缺漏之处，恳请广大读者批评指正。

编　者

目　　录

第1章 绪 论

机器人技术是一门高度综合的学科。机器人技术作为当前新兴的一个科学研究领域，集计算机技术、自动控制技术、传感技术于一体，是一门具有高度综合渗透性、前瞻未来性、创新实践性的学科，蕴涵着极其丰富的教育资源，是开展科技活动、培养学生科技素养和创新意识的一个非常好的平台。

以机器人活动为载体的教学，能够而且必须着眼于培养学生的综合能力。机器人集材料、机械制造、能源转换、生物仿真、信息技术之大成，是综合性很强的现代技术。机器人活动中还涉及计算机编程、工程设计、动手制作与技术构建等高新技术领域。

机器人是一门多学科综合交叉的边缘学科，它涉及机械、电子、运动学、动力学、控制理论、传感检测、计算机技术和人机工程。机器人是典型的机电一体化装置，它不是机械、电子的简单组合，而是机械、电子、控制、检测、通信和计算机的有机融合。

开展机器人设计活动的主要目标之一是培养学生的创新精神，其活动设计、活动模式、教学方法和评价也必须具备创新性。机器人活动项目的内容、规则以及评分办法等的创意设计都极富创造性和挑战性。

随着机器人学科的不断发展，机器人教育逐渐走出了以竞赛为导向的阶段，进而与传统学科进行融合，形成了一门通用性很强的技术实践课程。

通过这门课程的学习，学生可以掌握机器人的发展、应用和未来的发展方向，了解机器人结构设计、运动分析、控制和使用的技术要点及基础理论，拓宽知识面，培养理论联系实际的良好作风，对创新精神和创新思维的培养起到了积极的作用。

1.1 机器人的定义

关于机器人有各种不同的定义，至今没有一个统一的说法。其主要原因是机器人技术还在发展，新的机型、新的功能不断涌现。而其根本原因主要是机器人涉及了人的概念，成为一个难以回答的哲学问题。

1920 年捷克斯洛伐克剧作家 Karel Capek 在其科幻作品《Rossum's Universal Robots》中第一次使用了单词 Robot。这个词来源于捷克语中的 Robota，本意为奴隶。

国际上关于机器人的定义主要有以下几种：

1）美国机器人协会（RIA）的定义：机器人是"一种用于移动各种材料、零件、工具或专用装置的，通过可编程序动作来执行种种任务的，并具有编程能力的多功能机械手（manipulator）"。

2）日本工业机器人协会（JIRA）的定义：工业机器人是"一种装备有记忆装置和末端执行器（end effector）的，能够转动并通过自动完成各种移动来代替人类劳动的通用机器"。

3）美国国家标准局（NBS）的定义：机器人是"一种能够进行编程并在自动控制下执行某些操作和移动作业任务的机械装置"。

4）国际标准化组织（ISO）的定义："机器人是一种自动的、位置可控的、具有编程能力的多功能机械手，这种机械手具有几个轴，能够借助于可编程序操作来处理各种材料、零件、工具和专用装置，以执行种种任务"。

5）我国对机器人的定义：蒋新松院士曾建议把机器人定义为"一种拟人功能的机械电子装置"（a mechatronic device to imitate some human functions）。

参考各国的定义，我们对机器人给出以下定义：机器人是一种计算机控制的可以编程的自动机械电子装置，能感知环境，识别对象，理解指示命令，有记忆和学习功能，具有情感和逻辑判断思维，能自身进化，能计划其操作程序来完成任务。

1.2　机器人的前世今生

1.2.1　古代机器人

《列子·汤问》记载，周穆王在位时，工匠偃师制造出了一个逼真的机器人，它能歌善舞，模仿人的各种动作，这是我国最早记载的机器人。

春秋后期，鲁班曾制造过一只木鸟，能在空中飞行"三日不下"。

公元前2世纪，亚历山大时代的古希腊人发明了最原始的机器人——自动机，它可以自己开门，还可以借助蒸汽唱歌。

汉代大科学家张衡不仅发明了地动仪，而且发明了计里鼓车。每行一里，车上木人击鼓一下，每行十里击钟一下。

三国时，又出现了能替人搬东西的"机器人"。它是由蜀汉丞相诸葛亮发明的，能替代人运输物资的机器——"木牛流马"，也就是现代的机器人——步行机。它在结构和功能上相当于今天运输用的工业机器人。

1662年，日本的竹田近江利用钟表技术发明了自动机器玩偶，并在大阪演出。18世纪末通过改进，制造出了端茶玩偶。这种玩偶是木质的，发条和弹簧则是用鲸鱼须制成的。它双手捧着茶盘，如果把茶杯放在茶盘上，它便会向前走，把茶端给客人，客人取茶杯时，它会自动停止行走，客人喝完茶把茶杯放回茶盘上时，它就又转回原来的地方。

1738年，法国天才技师杰克·戴·瓦克逊发明了一只机器鸭。它会"嘎嘎"叫，会游泳和喝水，还会进食和排泄。

1773年，自动书写玩偶、自动演奏玩偶等被连续推出。现在保留下来的瑞士努萨蒂尔历史博物馆里的少女玩偶，还定期弹奏音乐供参观者欣赏。

19世纪中叶出现了科学幻想派和机械制作派。1886年，《未来的夏娃》问世。在机械实物制造方面，1893年摩尔制造了"蒸汽人"，"蒸汽人"靠蒸汽驱动双腿沿圆周走动。

1927年，美国西屋公司工程师温兹利制造了第一个机器人"电报箱"，可以回答人类提出的一些问题。

1.2.2　现代机器人

1948年，美国原子能委员会的阿尔贡研究所开发了机械式的主从机械手。

1952年，第一台数控机床的诞生，为机器人的开发奠定了基础。

1954年，美国戴沃尔最早提出了工业机器人的概念，并申请了专利。

1959 年，美国英格伯格和德沃尔（Devol）制造出世界上第一台工业机器人，机器人的历史才真正开始。这种机器人外形有点儿像坦克炮塔，基座上有一个大机械臂，大臂可绕轴在基座上转动，大臂上又伸出一个小机械臂，它相对大臂可以伸出或缩回。小臂顶有一个腕，可绕小臂转动，进行俯仰和侧摇。腕前端是手，即操作器。这个机器人的功能和人手臂功能相似。

1962 年，美国 AMF 公司推出的"VERSATRAN"和 UNIMATION 公司推出的"UNI-MATE"是机器人产品最早的实用机型（示教再现型）。

1965 年，MIT（美国麻省理工学院）的 Roberts 演示了第一个具有视觉传感器的、能识别与定位简单积木的机器人系统。

1970 年在美国召开了第一届国际工业机器人学术会议。

1973 年，辛辛那提·米拉克隆公司的理查德·豪恩制造了第一台由小型计算机控制的工业机器人。

1980 年后，日本赢得了"机器人王国"的美称。

1.3　机器人的分类

机器人按不同的分类方式分别分为以下几种。

按几何结构分：柱面坐标机器人、球面坐标机器人、关节球面坐标机器人。

按机器人控制分：非伺服机器人、伺服机器人（点、轨迹）。

按用途分：工业机器人、探索机器人、服务机器人、军事机器人（地面、海洋、空中）。

按机器智能分：一般机器人、智能机器人（传感机器人、交互机器人、自主机器人）。

按移动性分：固定机器人、移动机器人（轮式、履带、步行）。

1.4　现代机器人的成长阶段

1. 第一代（示教再现型机器人）

示教再现型机器人由人操纵机械手做一遍应当完成的动作或通过控制器发出指令让机械手臂动作，在动作过程中机器人会自动将这一过程存入记忆装置。当机器人工作时，能再现人教给它的动作，并能自动重复地执行。

2. 第二代（有感觉机器人）

有感觉机器人对外界环境有一定的感知能力。工作时，根据感觉器官（传感器）获得的信息，灵活调整自己的工作状态，保证在适应环境的情况下完成工作。

3. 第三代（智能机器人）

智能机器人不仅具有感觉能力，而且还具有独立判断和行动的能力，并具有记忆、推理和决策的能力，因而能够完成更加复杂的动作。智能机器人的"智能"特征就在于它具有与外部世界——对象、环境和人相适应、相协调的工作机能，从控制方式看是以一种"认知—适应"的方式自律地进行操作。

4. 发展方向

人工智能是关于人造物的智能行为，它包括知觉、推理、学习、交流和在复杂环境中的行为，人工智能的一个长期目标是发明出可以像人类一样或更好地完成以上行为的机器；另一个目标是理解这种智能行为是否存在于机器或者是人类和动物中。

1.5　我国机器人的开发与应用

我国工业机器人的研究开始于 20 世纪 70 年代，经历了 70 年代的萌芽期、80 年代的开发期和 90 年代的实用期三个发展阶段。

1972 年我国开始研制自己的工业机器人。"七五"期间，完成了示教再现型工业机器人成套技术的开发，研制出了喷涂、点焊、弧焊和搬运机器人。

1986 年国家高技术研究发展计划（863 计划）开始实施，我国工业机器人的研究开发进入了一个新阶段，形成了中国工业机器人发展的一次高潮。工业机器人相关的机器人本体设计制造技术、控制技术、系统集成技术和应用技术都取得了显著成果。

从 20 世纪 80 年代末到 90 年代，国家 863 计划把机器人列为自动化领域的重要研究课题，系统地开展了机器人基础科学、关键技术与机器人元部件、目标产品、先进机器人系统集成技术的研究及机器人在自动化工程上的应用。自 20 世纪 90 年代初期起，形成了一批机器人产业化基地。

1.6　我国机器人的发展前景

面对国外机器人技术的不断发展和国际市场的激烈竞争，我国工业机器人进展步履艰难。首先，国内企业的现状对机器人的需求明显不足；其次，国产机器人在性能、价格、系列化、规模化生产上与国外同类产品相比还有一定差距。但是，我国工业机器人仍然具有广阔的发展前景，主要表现在以下几个方面。

第一，制造业仍占据我国国民经济发展的重要位置，随着改革开放的深入及与国际市场的接轨，新产品、新工艺的要求需要有新的装备来武装制造业，尤其在汽车、电子、家电、机械、轻工等行业尤为必要。工业机器人不仅在制造业中担负简单、重复的体力劳动，更重要的是在保证产品质量，提高生产效率，把人从恶劣、危险作业环境中替换出来等方面显示出了明显的优越性。

第二，经过多年的研究与实践，我国已形成一批较有经验的机器人研究与开发队伍，并具有一定的市场价值。我们已经初步掌握了工业机器人的设计技术，如机器人本体设计、控制系统硬件设计、实时操作系统设计以及机器人语言、通信、可靠性技术等。

第三，国家处于由计划经济向市场经济转变的时期，国民经济的发展必将推进机器人市场需求的扩大，同时要求从事机器人产品研制、开发、应用的队伍必须转变观念、改革机制、苦练内功、培育新人、走向市场。

第四，在机器人科学和工程方面有了较开放的国际环境，使我们有条件学习、借鉴、引进和消化吸收国外的先进技术。

习　题

1. 什么是机器人？
2. 机器人有哪些分类方法？
3. 机器人有哪些发展阶段？

第 2 章　MT-U 智能机器人平台介绍

2.1　MT-U 智能机器人简介

MT-U 智能机器人（MT-U ROBOT 教学机器人），是专门为大学进行课程教学、工程训练、科技创新以及研究服务的新型移动智能机器人。

MT-U 智能机器人有一个功能很强的"大脑"和一组灵敏的"感觉器官"，它不仅可以对外部环境做出敏锐的反应，而且还可以与人进行交流；它有听觉、视觉和触觉，与周围世界互动时，会像人一样使用动作和声音来表达感觉。

突出的扩展性能、高速的处理系统和由浅入深的流程图、C 语言及汇编语言编程环境是 MT-U 智能机器人的重要特色。本书各个章节以 MT-U 智能机器人作为教学平台进行讲述，将带你走进机器人的世界，感知它、了解它，体验机器人的世界神奇与奥秘；更重要的是，在机器人的世界优游涵泳之后，你也许会发现自己的灵感、兴趣已经被激发出来，对于知识、能力的提升会有一个直接体验，对自身未来发展的构想和潜力也得以发掘。

就让我们带着新奇与兴奋赶快进入 MT-U 智能机器人的世界吧！

2.2　MT-U 智能机器人的外部结构

MT-U 智能机器人外部结构简图如图 2-1 所示。

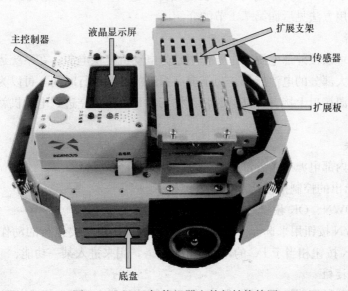

图 2-1　MT-U 智能机器人外部结构简图

2.3　MT-U 智能机器人的控制按钮部分

MT-U 智能机器人主要控制按钮和相关系统接口如图 2-2 所示。

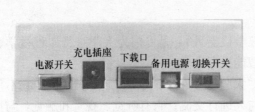 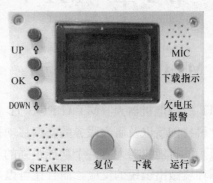

a) 相关控制接口和控制开关　　　　　　b) 控制按钮部分

图 2-2　MT-U 智能机器人主要控制按钮和相关系统接口

图 2-2a 中给出的相关控制接口和控制开关从左到右依次如下：

1. 电源开关

控制 MT-U 智能机器人电源开关的按钮，按此按钮可以打开或关闭 MT-U 智能机器人电源。

2. 充电插座

将充电器的相应端插入此插座，再将另一端插到电源上即可对 MT-U 智能机器人充电。具体使用方法见后面第 2.4 节的介绍。

3. 下载口

"充电插座"旁边的"下载口"用于下载程序到机器人主板上，使用时只需将串口连接线的相应端插入下载口，另一端与计算机连接好，这样 MT-U 智能机器人与计算机就连接起来了。具体使用方法见后面第 7.1 节的介绍。

4. 备用电源

此电源接口可以接外部电源，主要作用是为电动机提供电源。在系统运行过程中，电动机做功会消耗掉大部分的电池能量，为了提高系统的连续运行时间，可以为电动机提供外部动力。当备用电源接口上接有外部电源时，将切换开关拨至左边，电动机就可以从外部电源那里取电。

5. 切换开关

电动机使用内部电源或者外部电源的选择开关。

图 2-2b 中给出的控制按钮从左到右依次如下：

1. UP、DOWN、OK 按钮

UP 和 DOWN 按钮用来选择 MT-U 智能机器人开机后将要执行的动作，可以在液晶显示屏上观察，OK 按钮相当于 PC 的，<Enter 键>，用来进入某一功能。

2. "复位"按钮

用来复位 MT-U 智能机器人系统，让 MT-U 智能机器人重新运行或者下载新的程序。

3. "下载"按钮

当使用 UP、OK、DOWN 按钮选择了下载功能后，若 MT-U 智能机器人与 PC 连接状态良好并且编译没有错误时，可以通过"下载"按钮使 MT-U 智能机器人进入下载等待状态。

4. "运行"按钮

当程序下载完成，并且用 UP、OK、DOWN 按钮选择了运行后，可以通过"运行"按钮开始 MT-U 智能机器人的运行。

5. 指示灯

绿色灯为电源指示灯，按下 MT-U 智能机器人的开关后，这个灯会亮。

红色灯为电源欠电压指示灯，当 MT-U 智能机器人电源电压过低时，欠电压报警的红灯亮，这时就该给 MT-U 智能机器人充电了。

6. 通信指示灯

通信指示灯位于 MT-U 智能机器人主板的前方，与电源绿色指示灯为同一个灯，在给 MT-U 智能机器人下载程序时，这个绿灯会闪烁，这样就表明下载正常，程序正在进入机器人的"大脑"即 CPU。

7. 充电指示灯

充电指示灯不在控制盒上，而在充电器上。当给 MT-U 智能机器人充电时，充电器上的指示灯发红光；充电完成后，充电器上的指示灯发绿光。

2.4　MT-U 智能机器人的充电

MT-U 智能机器人可以在线充电，也就是不用取出电池，直接为 MT-U 智能机器人充电。充电器充电示意图如图 2-3 所示。

2.4.1　开机充电

MT-U 智能机器人可以一边充电一边活动，这样很方便，不会影响对 MT-U 智能机器人进行编程和调试。当想要采用这种方式给 MT-U 智能机器人充电时，只需按照以下步骤操作：

1）将充电器取出。

2）把充电器充电电源线插入控制按钮中的充电插座。

3）另一端充电器电源插头插入标准电源插座上（220V，50Hz）。

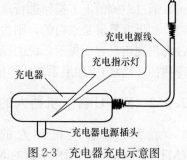

图 2-3　充电器充电示意图

2.4.2　关机充电

MT-U 智能机器人也可以关机充电。只需将 MT-U 智能机器人的电源关闭，按下控制按钮中的"电源开关"按钮，"电源"指示灯灭就表示电源已经关闭。然后再按照 2.4.1 节介绍的开机充电的三个步骤给 MT-U 智能机器人进行充电，充电 1.5h 即可充满。

2.4.3　更换电池充电

电池充满电压为 8.4V，额定工作电压为 7.2V，最低工作电压为 5V，可重复充电。

因为 MT-U 智能机器人使用的是锂电池，没有记忆和充爆问题，所以可以随时充电随时使用。

当电池达到使用寿命后，需要更换电池，只需按下面步骤进行：

1）关闭 MT-U 智能机器人的电源，拔下连接到电源控制板上的接线头。

2）拧下 MT-U 智能机器人底部固定控制器的螺钉，从电池盒中将电池取出，更换电池。

3）重新装上新电池，安装好控制器，将电池引出的接口接到电源控制板上。

2.4.4　扩展电源充电

在主控盒的前侧有专门的备用电源接口，用户可以直接为 MT-U 智能机器人充电。

2.5　MT-U 智能机器人的连接和检测

2.5.1　MT-U 智能机器人的连接

很多情况下 MT-U 智能机器人是要和计算机连接以后使用的。连接 MT-U 智能机器人是一项基本操作，下面介绍连接的标准步骤：

1）取出串口连接线，一端接 MT-U 智能机器人的"下载口"插口，另一端接 PC 机箱后的 9 针串口。如果 PC 后面没有空余的 9 针串口，请咨询计算机维护人员（可以把暂时不用的设备移开，腾出一个串口）或者通过 USB 转串口的方式实现。

2）打开 MT-U 智能机器人，按下控制按钮中的"电源开关"按钮，观察到"电源"指示灯发光即可。

3）开机后液晶显示屏（LCD）显示正常。有两个选择功能："运行"和"下载"，用户可以通过左侧的上下按钮进行选择，然后按下 OK 按钮进入运行或者下载状态。

如果液晶屏是空白的，则检查电池是否有电，接触是否良好，请充电或更换电池。如果没有出现用户界面提示，说明操作系统没有正常运行，按"复位"按钮重启系统（注意此时应拔掉通信线）。如果系统还不能正常运行，参见附录 D 所介绍的方法及步骤解决故障。

2.5.2　MT-U 智能机器人的检测

在 MT-U 智能机器人的出厂光盘中，有 MT-U 智能机器人的检测源程序（MTUCheck. C），用户拿到的 MT-U 智能机器人中已经下载了这个检测程序，用户可以直接开机进行检测。

MTUCheck. C 源程序代码如下：

```
# include <stdio. h>
# include " ingenious. h"
int AD_1 = 0;
int AD_2 = 0;
int AD_3 = 0;
int AD_4 = 0;
int DI_1 = 0;
```

```c
int DI _ 2 = 0;
int DI _ 3 = 0;
int DI _ 4 = 0;
int DI _ 5 = 0;
int obstacle1＝0;
int obstacle2＝0;
int obstacle3＝0;
void main ()
{
    while (1)
    {
        AD _ 1 = AD (1); /＊左边光敏＊/
        AD _ 2 = AD (2); /＊左边火焰＊/
        AD _ 3 = AD (3); /＊右边火焰＊/
        AD _ 4 = AD (4); /＊右边光敏＊/
        DI _ 1 = DI (1); /＊碰撞开关＊/
        DI _ 2 = DI (2);
        DI _ 3 = DI (3);
        DI _ 4 = DI (4);
        DI _ 5 = DI (5);
        obstacle1 =IR _ CONTROL (6，1);        /＊红外发射接收＊/
        obstacle2 =IR _ CONTROL (6，2);
        obstacle3 =IR _ CONTROL (6，3);
        Mprintf (1," obs1=%d", obstacle1);
        Mprintf (1," obs2=%d", obstacle2);
        Mprintf (3," obs3=%d", obstacle3);
        Mprintf (7," AD2=%d", AD _ 2);
        Mprintf (7," AD3=%d", AD _ 3);
        Clr _ Screen ();
        if (AD _ 2<400&&AD _ 3<400)             /＊有火焰时值比较大＊/
        {
            if (obstacle1&&obstacle2&&obstacle3) /＊obstacle1 为 1 表示没有障碍
物＊/
            {
                move (250，250，0);
                DI _ 1 = DI (1);
                DI _ 2 = DI (2);
                DI _ 3 = DI (3);
                if (DI _ 1| |DI _ 2| |DI _ 3)        /＊是否有碰撞＊/
                {
```

```
        if (DI_1)
        {
            move (-200, -200, 0);
            sleep (500);
            move (-200, 200, 0);
        }
        else
        {
            move (-200, -200, 0);
            sleep (500);
            move (200, -200, 0);
        }
    }
    if (DI_4 | | DI_5)
    {
        move (250, 250, 0);
    }
}
else
{
    if (! obstacle1)                    /* 避障 */
    {
        move (-200, 200, 0);
        Music (100, 329.6);
    }
    else
    {
        move (200, -200, 0);
        Music (100, 329.6);
    }
}
if (AD_1>700)
{
    move (-200, -200, 0);
    sleep (1000);
    move (-200, 200, 0);
    sleep (1000);
}
if (AD_4>700)
{
```

```
                    move（-200，-200，0）;
                    sleep（1000）;
                    move（200，-200，0）;
                    sleep（1000）;
                }
            else
            {
                AD_2 = AD（2）;
                AD_3 = AD（3）;
                Mprintf（7，" AD2=%d"，AD_2）;
                Mprintf（7，" AD3=%d"，AD_3）;
                if（AD_2>600）    /*调整机器人使其朝着火焰的方向前进*/
                {
                    move（250，250，0）;
                }
                else
                {
                    if（AD_2<=AD_3）
                    {
                    move（-200，200，0）;
                    sleep（300）;
                    move（250，250，0）;
                    }
                    else
                    {
                    move（200，-200，0）;
                    sleep（300）;
                    move（250，250，0）;
                    }
                }
            }
        }
}
```

在进行 MT-U 智能机器人自检时，可能会遇到一些应用传感器的操作，可以参考第 3 章、第 4 章介绍的内容进行操作。

自检的检测内容如下：

1）LCD 显示是否正常。LCD 字迹符号应显示清晰，128×64 点阵不应有缺行、缺列现象。

2）扬声器是否正常。扬声器所播放的乐曲应清晰洪亮，无明显噪声。

3）光敏传感器是否正常。用手挡住左侧光敏传感器，在 LCD 上显示的左侧光敏传感器的值会增大，而且越暗值越大。

机器人随光强的不同，LCD 所显示左右光敏传感器的感应数值应随光强变化而变化，其范围为 0～255，光强越弱，数值越大；光强越强，数值越小。左右两光敏传感器在相同光强条件下，数值偏差＜10。

4）红外线传感器是否正常。在前方 10～80cm 范围内，有 A4 纸大小的障碍物时，机器人会朝着相反的方向前进。

5）碰撞传感器是否正常。在 MT-U 智能机器人的前部有三个碰撞开关传感器，而后面有两个碰撞开关传感器，当相应方向的碰撞传感器有碰撞时，MT-U 智能机器人向着相反的方向前进。

通过以上检测，可以了解 MT-U 智能机器人各部分的状态。

实际上，以上检测内容是一个 MT-U 智能机器人避障、寻找火源并能显示当前状态的程序，用户可以直接将运行的 MT-U 智能机器人放在有火源和障碍物的场地上，察看 MT-U 智能机器人能否自动地避障和寻找火源。

如果 MT-U 智能机器人已经被使用过，可能内存里已经没有了自检程序。请参见第 7.1 节中介绍的方法下载自检程序。

2.6　对 MT-U 智能机器人进行编程及下载

图形化交互式 C 语言开发软件（简称 VJC）是用于 MT-U 智能机器人专用的开发系统，软件名称为 "MT-U"，VJC 编辑环境可在 Windows 95/98 和 Windows NT 4.0 以上版本的操作系统上运行。VJC 是由图形化编程界面和 C 语言代码编程界面组成的，具体应用参考第 5 章。

在开始编写程序之前首先要对 MT-U 软件进行设置，具体操作步骤可参考本书 7.1 节实训 1。

习　　题

1. MT-U 智能机器人的外部结构主要由哪几部分组成？
2. MT-U 智能机器人的主要控制按钮和相关系统接口有哪些？
3. MT-U 智能机器人的充电方式有哪些？
4. MT-U 智能机器人自检程序主要实现什么功能？

第3章 MT-U智能机器人的系统结构

3.1 概述

MT-U智能机器人的系统结构可以概括为控制部分、传感器部分以及执行部分，主要结构如图3-1所示。

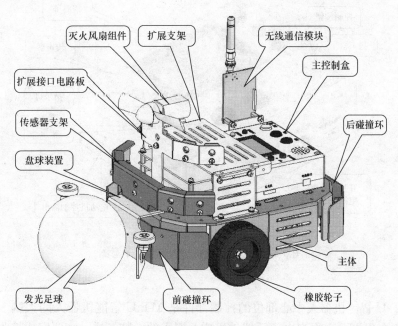

图3-1 MT-U智能机器人总体构成图

本章将分别介绍MT-U智能机器人的各个组成部分及其主要作用，并对MT-U智能机器人的传动机构以及动力驱动系统做了简单的介绍。

MT-U智能机器人另一种结构形式就是四轮驱动的履带式机器人，其履带底盘结构如图3-2所示。

图3-2 四轮驱动的履带式机器人的履带底盘结构

　　因为履带机器人的控制系统、传感系统与第一种结构形式的机器人完全相同，故在本书中不对其做特别说明。

3.2　MT-U 智能机器人系统的构成

3.2.1　控制部分

　　控制部分是 MT-U 智能机器人的核心组成部分，集成在一个主板盒里面，主板盒外观如图 3-3 所示。作为控制核心的主板盒上各个功能模块、按钮及插接口的位置和名称如图 3-4所示。

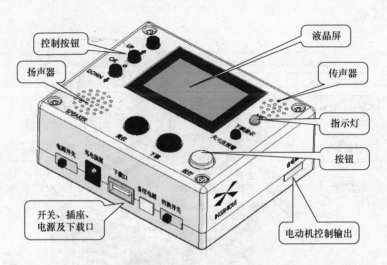

图 3-3　MT-U 智能机器人主板盒示意图

　　1. 主板

　　位于 MT-U 智能机器人中心部位的控制部件是 MT-U 智能机器人的大脑——主板，它被安装在主板盒里面，由很多电子元器件组成，跟人的大脑一样，主要完成接收信息、处理信息、发出指令等一系列过程。

　　MT-U 智能机器人的记忆功能主要由主板上的内存来实现，至于"大脑"的分析、判断、决断功能则由主板上的众多芯片共同完成。

　　2. 控制按钮

　　位于 MT-U 智能机器人主板盒上的众多控制按钮、指示灯等，是 MT-U 智能机器人运行控制部件，它的组成和主要的控制功能在前面第 2 章 2.3 节中已经做了介绍，这里不再重复。

　　3. 扩展接口电路板

　　位于 MT-U 智能机器人前端的扩展接口电路板提供了心脏（主板盒）与眼睛（各种传感器）及手脚（各种执行机构）之间的信息传达桥梁，并给执行机构及各种传感器提供动力。MT-U 智能机器人可以根据用户不同的创新设计安装不同的扩展接口电路板，机械连接甚至在理论上可以无限扩展。图 3-5 所示为扩展三块电路板的安装方式示意图。

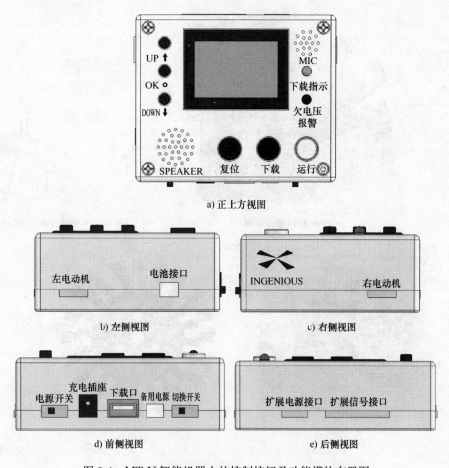

图 3-4　MT-U 智能机器人的控制按钮及功能模块布置图

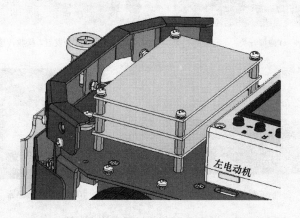

图 3-5　MT-U 智能机器人扩展电路板安装示意图

3.2.2　传感器部分

MT-U 智能机器人的传感器如图 3-6 所示，主要有以下 7 种传感器。

1. 碰撞传感器

MT-U 智能机器人的前后挡板上放置了碰撞系统，保证 MT-U 智能机器人的正常活动。

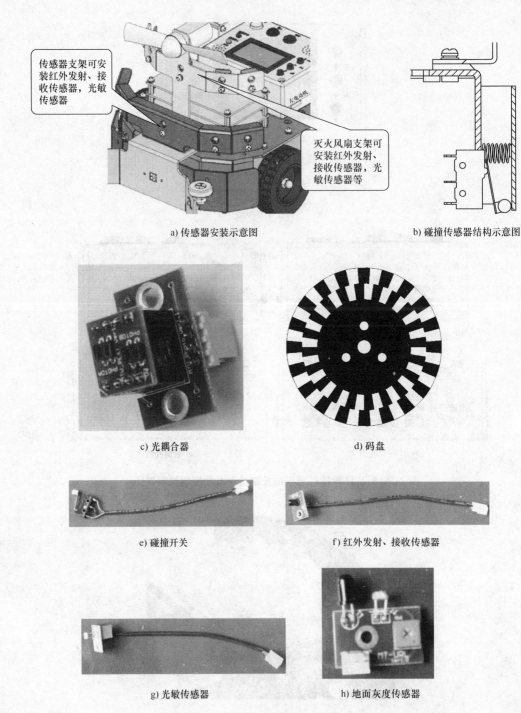

传感器支架可安装红外发射、接收传感器，光敏传感器

灭火风扇支架可安装红外发射、接收传感器，光敏传感器等

左电动机

a) 传感器安装示意图　　　　　　　　　　　　b) 碰撞传感器结构示意图

c) 光耦合器　　　　　　　　　　　　　　　　d) 码盘

e) 碰撞开关　　　　　　　　　　　　　　f) 红外发射、接收传感器

g) 光敏传感器　　　　　　　　　　　　　h) 地面灰度传感器

图 3-6　MT-U 智能机器人的感官部分

MT-U 智能机器人的碰撞机构能够检测到来自前后各 120°范围内物体的碰撞，使MT-U智能机器人遭遇到来自不同方向的碰撞后，能够转弯避开并保持正常活动。前后的碰撞系统各由一个被弹性固定到机器人主体上的半环状金属片和碰撞开关组成。来自不同方向的碰撞将使不同的碰撞开关闭合，从而可以判断出障碍物的方向，进而进行避障。由图 3-1 中可以看出前后碰撞环的安装位置。

2. 红外线传感器

MT-U 智能机器人的红外线传感器共包含两种器件：红外发射管和红外接收管，看图 3-1 或者图 3-6 就可以发现，红外接收管可以安装于 MT-U 智能机器人的正前方，两个红外发射管安装于红外接收管的两侧；同时红外发射管也可以安装于 MT-U 智能机器人的正前方，两只红外接收管安装于红外发射管的两侧。它们也可以安装到灭火风扇支架上面，可以说 MT-U 智能机器人给用户提供了更多的自主创新空间去发挥。

红外发射管可以发出红外线，红外线在遇到障碍后被反射回来，红外接收管接收到被反射回来的红外线以后，通过 A-D 转换送入 CPU 进行处理。MT-U 智能机器人的红外线传感器能够看到前方 10～80cm、90°范围内的比 210mm×150mm 面积大的障碍物，如果障碍物太小、太细或者在它的可视范围以外，它就无法看到了。

在 MT-U 智能机器人的可视范围内，可以调整它的可视距离，具体方法可参见4.2 节。

3. 光敏传感器

光敏传感器是由两个光敏电阻组成的，它可以安装在机器人的传感器支架、灭火风扇支架上的任意位置。

光敏传感器能够探测光线，我们在 MT-U 智能机器人的光敏传感器上罩了一层滤光纸，通过滤光纸的颜色来决定 MT-U 智能机器人所能探测到的光线颜色，使它能看见的颜色特定化。

4. 传声器

MT-U 智能机器人的传声器可以感受到声音的强弱。我们知道，人的耳朵并不是所有声音都可以听见的，当声音的频率在一定范围内时人耳才能听见它，MT-U 智能机器人的"耳朵"也是这样，它的功能较强，能听见的声音频率范围跟人耳能听到的频率范围大致是一样的，是 16～20000Hz 的机械波。

MT-U 智能机器人在听到人的声音命令后，会根据指示（由程序事先输入）采取行动。

MT-U 智能机器人传声器在主板盒上面的右上方，如图 3-3 所示。

5. 光电编码器

在 MT-U 智能机器人里装有码盘和光电编码器（光耦）。光电编码器主要用于产生控制的反馈信号。码盘随轮轴一起转动，光电编码器通过对码盘转动角度的测定，得出轮子所转动的圈数，从而测定距离，如图 3-6 所示。

6. 地面灰度传感器

地面灰度传感器也叫寻迹传感器，它由一个红外发射管和一个红外接收管组成。地面的灰度不同，接收管接收到的反射信号也不同，从而可以得到地面上灰度的信息。

7. 金属接近开关

金属接近开关为一种反射式接近传感器，可以探测到一定距离内的金属物体，其安装方式如图 3-7 所示。

3.2.3　执行部分

MT-U 智能机器人的执行部分是机器人执行具体功能时所要用到的部件，如图 3-8 所示，MT-U 智能机器人的执行部分共有以下五种：

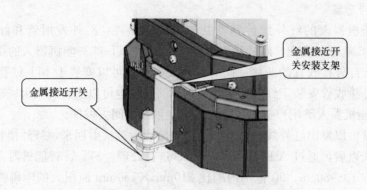

图 3-7　金属接近开关及其安装

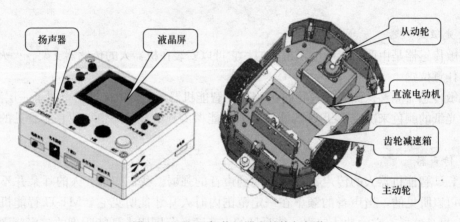

图 3-8　MT-U 智能机器人的执行部分

1. 扬声器

MT-U 智能机器人可以通过扬声器发出一定频率的声音，例如可以通过编程让机器人演奏歌曲。

2. 液晶屏（LCD）

MT-U 智能机器人上有一块 128×64 点阵的 LCD，可以显示中文以及各种字符。利用 LCD 可以显示程序运行的中间结果。

3. 主动轮及其驱动机构

MT-U 智能机器人有两个金属铝心、橡胶外胎的主动轮，能够完成向前直走、向后转弯、左转、右转这些平地上的技术动作；驱动机构由直流电动机和减速比约为 30∶1 的齿轮箱构成，齿轮减速箱将直流电动机输出的扭矩和转速转化为 MT-U 智能机器人需要的扭矩和转速，具有动力强、效率高、噪声小的特点。

4. 从动轮

MT-U 智能机器人有一个从动轮。众所周知，三点支撑结构是最稳定的结构，从动轮和两只主动轮形成三角形稳定地支撑着机器人的身体。从动轮方向的改变是随着主动轮的方向改变的。

5. 直流电动机

在 MT-U 智能机器人上有两台高速直流电动机。

3.2.4　供电部分

将 MT-U 智能机器人头朝下翻过来，就能够看到它的底盘下安装有一个盒体，这就是电池盒，电池盒里面装着电池。拿掉主板盒，就可以看见电池，如图 3-9 所示，MT-U 智能机器人的能量就来自于这个电池。

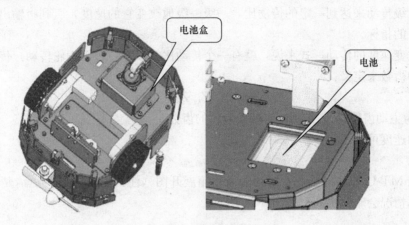

图 3-9　MT-U 智能机器人的电池

3.3　MT-U 智能机器人的传动机构

3.3.1　齿轮传动机构

齿轮传动机构就是齿轮作为主要传动件的传动机构。工作时，一只主动轮先转动起来，进而带动与之相邻的从动轮的转动，转动过程如此继续下去，这样运动在齿轮间传递，即齿轮的啮合传动。

齿轮的种类很多，它们通过不同的配合可以实现不同的传动类型，传动类型示意图如图 3-10 所示。

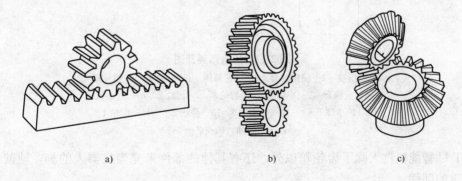

图 3-10　传动类型示意图

图 3-10a 所示的传动类型能够改变运动的形式，齿轮是旋转运动，下方的齿条则是直线运动；图 3-10b 所示的传动类型能够改变旋转运动的速度；图 3-10c 所示的传动类型不仅改变了运动的速度，而且改变了旋转运动的轴线方向。

3.3.2 MT-U 智能机器人的齿轮箱

也许你会有疑问：为什么齿轮箱里的传动系统不用一级传动呢？这是因为，如果只用两个齿轮啮合，又要达到改变速度的要求，就必须使一个齿轮很小，另一个齿轮非常大，这样一来，不仅会造成空间上的浪费，而且对小齿轮性能指标的要求也很高。所以，我们有时候需要采用几级传动来达到一定的传动比，一级一级地改变它的速度，直到将输出轴的速度调整到所需要的指标。

对于改变速度的传动形式来说，就有一个传动比的概念。对于齿轮传动，传动比可以用两个齿轮的齿数来定义：

$$I = Z_1 / Z_2$$

式中，Z_1 为主动齿轮的齿数；Z_2 为被动齿轮的齿数。

输出的速度可表达为

$$\upsilon_{输出} = \upsilon_{动力源} \times I$$

我们在 MT-U 智能机器人上用到的齿轮箱展开图（注：为了能看得更清楚，将齿轮箱展开，实际情况会略有不同）如图 3-11 所示。

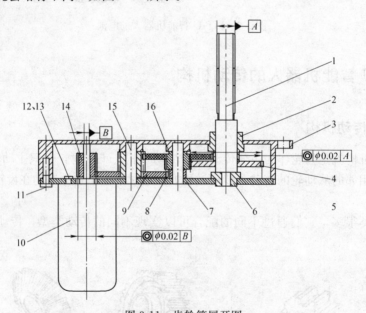

图 3-11 齿轮箱展开图

1—输出轴　2—输出轴套　3—齿轮箱体　4—齿轮4　5—齿轮箱盖
6—大轴套　7—小轴套　8—齿轮3　9—齿轮2　10—电动机
11—M2.5×4　12—平垫2.5　13—弹垫2.5　14—齿轮1
15—中间轴　16—平垫3

MT-U 智能机器人除了齿轮箱以外，还有其他的部件来充当机器人的脚，轴就是其中一个关键的部件。

轴在日常生活中是比较常见的，它是依靠轴孔、轴承配合支撑带孔的零件（如齿轮、涡轮等）并与之一起旋转以传递运动、扭矩或转矩的机械零件。

观察图 3-11 可以发现，在齿轮头里有三根轴，它们是齿轮的支架，在整个齿轮传动中，根据轴的功能将轴分为以下三种：

1）输入轴——直接与动力源的输出轴连接的轴。

2）输出轴——直接与其他的相关传动件连接的轴。

3）中间轴——齿轮传动中仅作为齿轮支架的轴。

3.4　MT-U 智能机器人的动力与驱动

3.4.1　MT-U 智能机器人的动力

MT-U 智能机器人的动力来源于位于 MT-U 智能机器人底盘内的电池。

电池提供电能，而机器人运动需要的是动能，这两种能量是怎么转化的呢？

电能转化为动能是利用了一种专门的设备——电动机，这种设备是现代工业必不可少的，是工业电气化的标志。

3.4.2　MT-U 智能机器人中的直流电动机

电动机是把电能转化为机械能的装置，如果是依靠直流电源工作，则称为直流电动机。

在 MT-U 智能机器人中，直流电动机将轴的旋转运动输入到齿轮箱，然后齿轮箱的输出轴控制轮子转动，从而驱动整个机器人的运动。直流电动机上的电压大小影响它的转速和扭矩。

直流电动机在一定电压下工作，其 T-n 曲线如图 3-12 所示，在图中的 12V 特性曲线上取两个点 J、K，很明显，$J_n>K_n$，$J_T<K_T$，我们可以发现转速（n）变小时，转矩（T）增大，这就叫转速与转矩成反比；如果改变电压，则 T-n 曲线随着电压的变化而向下方移动。在智能机器人负载一定时（即转矩一定时），降低电压，对应的转速 n_1、n_2 不同，$n_1>n_2$，这样就可以实现电动机的调速。

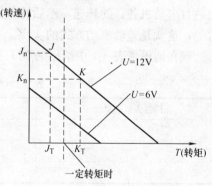

图 3-12　直流电动机的 T-n 曲线

MT-U 智能机器人正是采用改变电动机电压的方式来改变电动机的转速，叫作脉宽调制。

MT-U 智能机器人电动机上得到的信号是方波，不同方波的平均电压不同，如图 3-13 所示。我们就利用这一点来进行 MT-U 智能机器人的速度控制。采用不同的脉宽调节平均电压的高低，进而调节电动机的转速，即脉宽调制（Pulse Width Modulation，PWM）。MT-U 智能机器人通过主板发出脉宽调制信号，通过改变脉冲宽度来调节输入到电动机的平均电压。

MT-U 智能机器人的电动机是经过减速器将转动传给轮子，将高速转化为低速。MT-U 智能机器人通过三级直齿轮传动减速，来满足 MT-U 智能机器人运行的速度和转矩。

3.4.3　MT-U 智能机器人的驱动方式

MT-U 智能机器人采用差动驱动方式。

差动方式是指将两个有差异的独立运动合成为一个运动。当把两个电动机的运动合成为

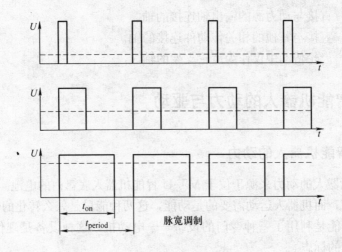

图 3-13　不同宽度的方波实现 PWM 控制

一个运动时，这就成了差动驱动。

仔细观察智能机器人的底盘，会发现机器人有两个一样的齿轮头，每个齿轮头都包括一台直流电动机。这样两台直流电动机分别独立控制一个驱动轮，在运行时，我们可以分别确定两台电动机各自的转速，然后将其组合起来就能实现机器人的各种运动方式，如直行、转弯等，这就是差动驱动方式的实现。

现在请思考表 3-1 中给出的 MT-U 智能机器人的各个动作如何实现。

表 3-1　MT-U 智能机器人的各个动作

机器人运动路线	实现方式	语句

首先，想一想，MT-U 智能机器人是差动方式驱动的，由两台直流电动机分别控制，那么 MT-U 智能机器人能走出多少种不同的路线来呢？试填写表 3-1 的第一列。

刚刚想出来的动作是否都能实现呢？在实现方式上可不可以采用多种方式呢？这里我们以 C 语言代码编程为例，这样可以使读者更深刻地理解电动机控制库函数的意义及其应用。

在这里要实现各种动作，就要涉及有关库函数的问题，用到的库函数有 move（）。

库函数 move（L，R，E）应用时应注意以下几点：

1）库函数可以控制三台电动机的转速。

2）库函数有三个参数 L、R、E，且都是整数型的。

3）库函数中 L 指左轮转速，R 指右轮转速，E 指扩展电动机转速。

4）库函数中 L、R、E 的取值范围是 -1000～+1000。

下面我们来举一个例子：

要让智能机器人走一个圆，那么动作就应是"走圆"，实现方式可以采用"顺时针"，使用的语句可以是 move（），如 move（100，200，0）。注意，参数的不同可以使得所走的轨迹大小不同。这时，我们就可以填写表 3-1 中第一行空白行了，填完后如表 3-2 所示。

表 3-2 MT-U 智能机器人完成表 3-1 第一行空白行的动作

机器人运动路线	实现方式	语句
走圆	顺时针	move（100，200，0）

然后，自己独立完成表 3-1 吧！

在本书的第 7 章会尝试用机器人完成各种项目，我们通过做活动的形式，介绍了 MT-U 智能机器人的不同驱动方式，读者可以自己尝试做一做。

习　题

1. MT-U 智能机器人的系统结构有哪几部分？
2. 齿轮传动机构有什么作用？
3. MT-U 智能机器人采用什么样的驱动方式？
4. 用流程图的图形化编程界面实现表 3-1 给出的 MT-U 智能机器人的各个动作。

第 4 章　MT-U 智能机器人的主要部件

4.1　智能机器人的三大要素

人对周围环境的反应过程主要是感觉→大脑思考、分析→做出反应，机器人也是通过这个过程进行信息处理。智能机器人的三大要素是感觉、大脑与驱动器。机器人的感觉是各种不同的传感器，机器人的大脑是中央处理器（CPU），机器人驱动器包括各种接口驱动电路以及执行机构。

MT-U 智能机器人配有多个不同功能的传感器，还可以根据需要扩展其他传感器，对环境有很强的感知能力。以感知环境的能力为基础，MT-U 智能机器人能做出许多智能行为。

MT-U 智能机器人通过中央处理器（CPU）来思维，我们采用的是 TI 公司 2000 系列中功能最强、集成功能最全的高档 DSP 处理器。它的可靠性很高，集成功能很强，有程序自下载功能，将 MT-U 智能机器人连上串口线就可自动下载程序。

MT-U 智能机器人具有很强的人机交互功能，通过精致的液晶屏和按钮组合，可以方便操作者和机器人之间的交流，实现对其运行的控制。

计算机硬件决定了机器的极限潜能，去开发这种潜能是软件的工作。我们为用户提供了交互式图形化编程 C 语言/汇编语言——流程图，它使开发 MT-U 智能机器人的高层行为充满了乐趣。有的底层驱动软件因与硬件紧密相关或实时要求很高，需要用汇编语言来处理。

MT-U 智能机器人的执行器有：两台高性能直流电动机；一个扬声器；一个 128×64 点阵的液晶显示器。

MT-U 智能机器人主控制器系统结构如图 4-1 所示。图 4-2 是 MT-U 智能机器人扩展系统结构。

4.2　MT-U 智能机器人的传感器及其处理电路

4.2.1　碰撞传感器

碰撞传感器是使 MT-U 智能机器人具有感知碰撞环上的碰撞信息能力的传感器。在 MT-U 智能机器人的前、左前、右前设置有三个碰撞开关（常开），它们与碰撞环一起构成了碰撞传感器（见图 4-3），可以通过扩展在机器人的后、左后、右后设置三个碰撞开关。碰撞环与底盘柔性连接，在受力后与底盘产生相对位移，触发固连在底盘上相应的碰撞开关，使之闭合。碰撞传感器方位如图 4-4 所示。

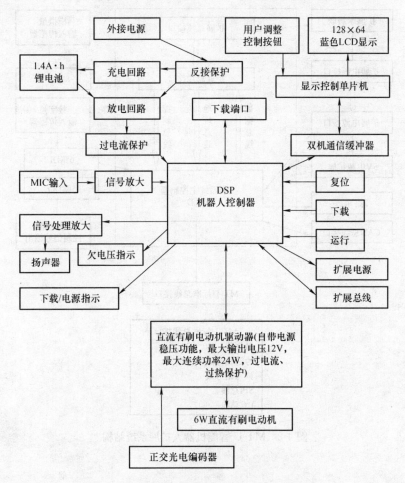

图 4-1 MT-U 智能机器人主控制器系统结构

1. 应用

在流程图环境中,编写一个碰撞检测程序,来理解如何在程序中使用碰撞开关。流程图图形编辑界面参见图 4-5。

1) 程序含义:前方无碰撞,向前行走;有碰撞,向后退,延时,然后继续向前行走。

2) 进入流程图的图形化编程界面,将"控制逻辑"中的"while"模块拖到流程图生成区并与"主程序"相连。

3) 将"数字信号输入"库中的"DI2"模块连接到循环内部。

4) 将"控制逻辑"中的"if"模块连接到循环内部。

5) 用鼠标右键单击"if"模块,打开属性对话框,先清空表达式中的内容,将左值设置为"DI_2",运算符设置为"= =",右值设置为"0"(0 表示碰撞开关未闭合),单击"添加与条件"或者"添加或条件"按钮,然后单击"确定"按钮退出属性设置对话框。

6) 将"执行模块"中的"直行"模块连接到程序中。

7) 单击鼠标右键设置"直行"模块,设置速度(正值:向前行走;负值:向后行走,范围:-1000~+1000)。

8) 将"执行模块"中的"WAIT"模块连接到程序中。

9) 单击鼠标右键设置"WAIT"模块,单位为"毫秒"。

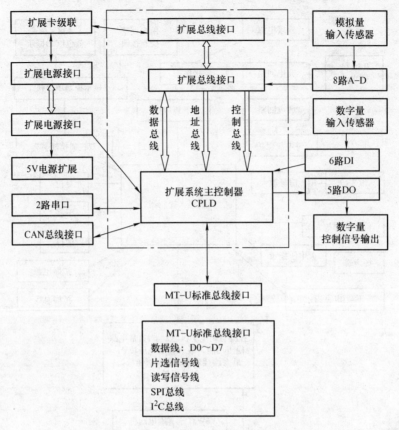

图 4-2　MT-U 智能机器人扩展系统结构

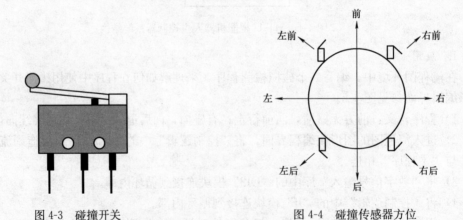

图 4-3　碰撞开关　　　　　　　图 4-4　碰撞传感器方位

10）完成碰撞检测程序的编写。

11）下载并运行此程序。

上面我们使用的是流程图的图形编程方式进行程序的编写。如果要使用 C 语言编写以上的程序，打开并选择 C 语言界面，输入图 4-5 右边所显示的代码，然后编译、下载、运行。

2. 安装

碰撞传感器的接线图如图 4-6 所示，图 4-7 是碰撞传感器的插座位置图。

用户在使用时只需将碰撞开关的插头以正确的方向插入对应的插座即可。

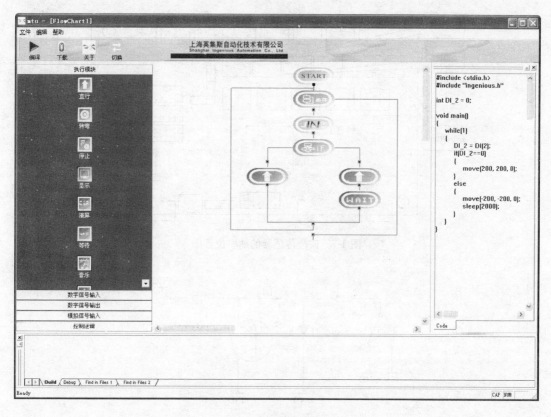

图 4-5　碰撞检测程序流程

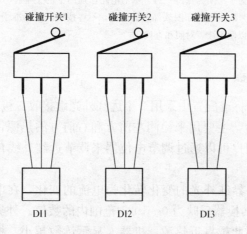

图 4-6　碰撞传感器的接线图

3. 原理

至此，碰撞传感器已经能够被用户直接使用了。但是，对应于每一个方向的碰撞，用户怎样得到不同方向碰撞开关的状态呢？

在 MT-U 智能机器人里，各个碰撞开关分别对应接在图 4-7 所示的扩展板上，右前、前、左前、左后、后、右后碰撞开关分别接在 DI1～DI6，通过判断 DI 函数各通道的返回值得到不同方向碰撞开关的状态。碰撞传感器的电路原理如图 4-8 所示。

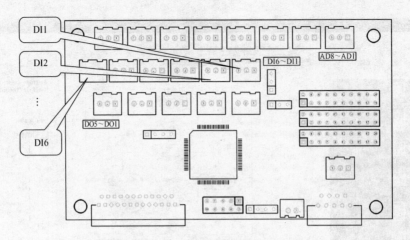

图 4-7　碰撞传感器的插座位置图

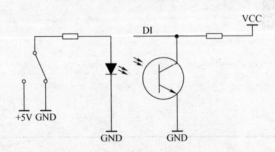

图 4-8　一个碰撞传感器的电路原理图

注：为了与实物保持一致，本书电路原理图中的文字符号及图
形符号均采用原作图软件中的形式，不再按照国家标准予以修
改，以便于读者对照和查找。

4.2.2　远红外线传感器

MT-U 智能机器人的标准配置中采用 2 个远红外光敏接收二极管（700～1000nm）构成红外传感系统（见图 4-9），主要用来检测左前方和右前方的热源，检测距离范围为 0～1m。用户可以通过调节电位器来调节远红外线传感器的灵敏度。

远红外线传感器将外界红外光的变化转化为电流的变化，在电阻上产生电压，通过 A-D 转换器反映为 0～1023 范围内的数值。外界红外光越强，数值越小，因此越靠近热源，机器人显示读数越小。根据函数返回值的变化能判断红外光线的强弱，从而能大致判别出热源的远近。

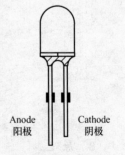

图 4-9　远红外线
传感器

注意：由于远红外火焰探头工作温度为 −25～+85℃，存放温度为 30～100℃，超过以上温度范围，远红外火焰探头可能会出现工作失常甚至损坏，所以在使用过程中应注意火焰探头离热源的距离不能太近，以免造成损坏。

远红外线传感器探测角度为 60°，如图 4-10 所示，测试时最好让热源处于探头的检测范围内。

1. 安装

远红外线传感器的接线方式如图 4-11 所示。

图 4-10　远红外线传感器探测角度　　　　　　图 4-11　远红外线传感器的接线

通过用 M3 的螺钉将传感器固定在机器人扩展支架上，然后连接到扩展板的模拟量输入接口 AD1～AD8，如图 4-12 所示。

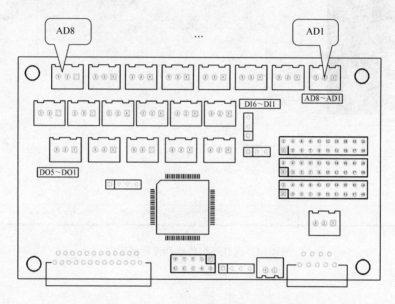

图 4-12　模拟量输入（A-D）接口插座位置

2. 应用

下面在流程图环境中编写一个火焰检测程序，来理解如何在程序中使用远红外线传感器的用法。流程图图形编辑界面参见图 4-13。

程序含义：向火焰方向前行，当距离火焰小于一定距离时，机器人停止运行。

3. 原理

图 4-14 为远红外线传感器的电路原理图。

4.2.3　光敏传感器

MT-U 智能机器人上有 2 个光敏传感器（见图 4-15），它可以检测到光线的强弱。

光敏传感器其实是一个光敏电阻，光敏电阻的电极如图 4-16 所示，它的阻值受照射在它上面的光线强弱的影响。MT-U 智能机器人所用的光敏电阻的阻值在很暗的环境下为 75kΩ，室内照度下为几千欧姆，阳光或强光下为几十欧姆。

1. 安装

光敏传感器是一个可变的电阻，它的接插方式没有方向性，在扩展板上的位置如图 4-17 所示。

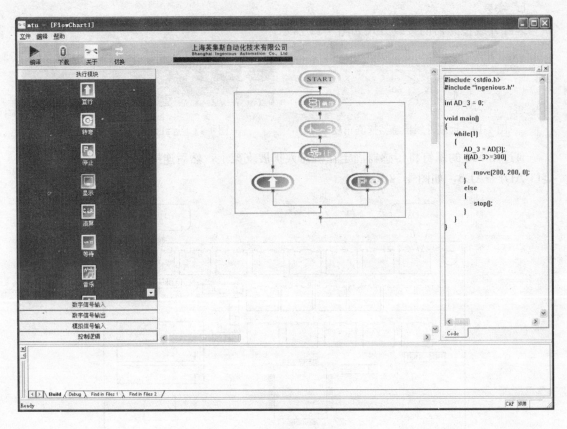

图 4-13　远红外线传感器流程图程序

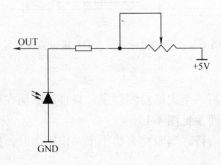

图 4-14　远红外线传感器电路原理图

图 4-15　光敏传感器

2. 应用

如果要在流程图环境中编写一个光敏检测程序，可以参照图 4-13 给出的远红外线传感器流程图程序的编辑方法。

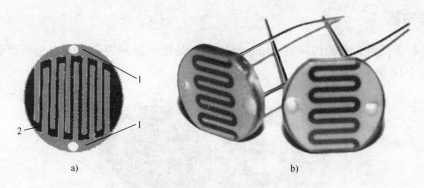

图 4-16　光敏电阻的电极

1—引线　2—光导电材料

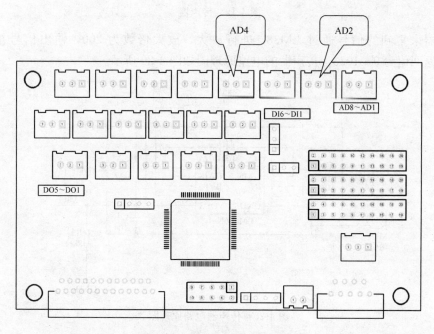

图 4-17　光敏传感器插针位置图

3. 原理

图 4-18 是光敏传感器电路原理图，光线越强，电压输出越低，采集到的值越小，变化范围为 0～1023。

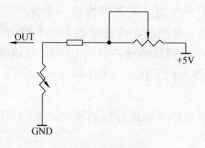

图 4-18　光敏传感器电路原理图

4.2.4　传声器

MT-U 智能机器人上的传声器（microphone）是能够识别声音声强大小的声音传感器，其外形如图 4-19 所示。

图 4-19　传声器

传声器采集到的信号通过 LM386 进行放大，放大倍数为 200，输出信号接至 MIC（AD8），返回值为 0～1023。传声器的电路原理图如图 4-20 所示。

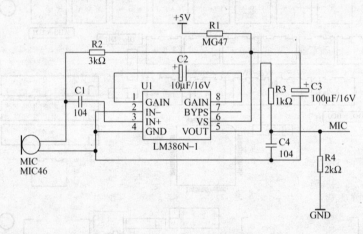

图 4-20　传声器电路原理图

4.2.5　光电编码器

光电编码器是一种能够传递位置信息的传感器，它由光电编码模块及码盘组成（见图 4-21）。MT-U 智能机器人有 2 个光电编码器，采用反射式红外发射接收模块。反射器（即码盘）是黑白相间的铝合金制成的圆片，40 等分。当码盘随轮子旋转时，黑条和白条交替经过光电编码器，反馈的信号状态不同，即构成一个脉冲。因此码盘旋转 360°共产生 20 个脉冲，因为这里的码盘是 A、B 相的，两相相差 1/4 个周期，所以实际一个周期得到的是 40 个脉冲，经过 2 倍频后，一周得到的脉冲数目是 80，所以轮子转一周，我们读到的编码器数据为 80。MT-U 智能机器人轮子直径为 64mm。

1. 安装

码盘装在轮子的内侧，通过四芯电线连接到驱动器的四芯插座上，如图 4-22 所示。

2. 原理

光电编码器原理上也是靠发射与接收红外光来工作的。MT-U 智能机器人上用的光电

a) A、B 相码盘　　　　b) 编码器电路板

图 4-21　码盘及光电编码传感器

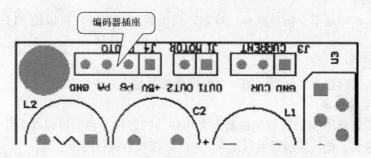

图 4-22　光电编码器芯片的插针位置示意图

编码器芯片集成了发射与接收功能。

光电编码器的工作原理图如图 4-23 所示。

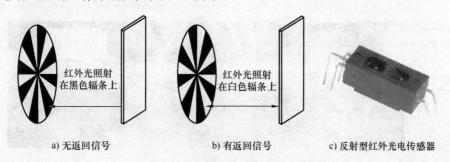

a) 无返回信号　　　　b) 有返回信号　　　　c) 反射型红外光电传感器

图 4-23　光电编码器的工作原理图

从图 4-23 中可以看出：红外光照射在黑色辐条上时没有反射信号，因为红外光大部分已经被黑色辐条吸收；当红外光照射在白色辐条上时有反射信号，因为红外光在白色辐条上反射强烈，电路原理如图 4-24 所示。

4.2.6　其他传感器

MT-U 智能机器人还能集成很多其他的传感器，插在 MTBUS（参见 4.7 节）上即可使用，下面做简单介绍。

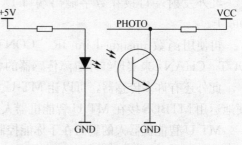

图 4-24　光电编码器电路图

1. 热释电传感器

热释电传感器对移动的人体热源敏感，可以探测几米外的人体。MT-U 智能机器人装上一个或几个热释电传感器后，可以让它一看见你，就向你走过来，让它跟着你走。

2. 超声传感器

超声传感器是机器人测距的专业传感器，测量距离一般为 0.2～6m，测量精度为 1％，是通过测量声波发射与收到回波之间的时间差来测量距离的。例如，运用 MT-U 智能机器人本体上带的传感器在房间里找到门不容易，但运用声呐对房间扫描一周后，就能较方便地找到房门。

3. 连续测距红外线传感器

SHARP 公司推出了创新的 GP2D02/GP2D12 连续测距红外线传感器，测量范围为 10～80cm，参加灭火比赛时，用它来找房间门非常棒。

4. 数字指南针

自主机器人的导航至今仍是世界性难题，借助数字指南针，可以使 MT-U 智能机器人辨别方向。

5. 温度传感器

想让机器人实时报告气温吗？加一个温度传感器是个好方法。

6. 无线视觉传感器

无线视觉传感器用 MT-U 智能机器人来作移动的监视平台。可以在 MT-U 智能机器人上安装无线摄像头，把视频信号发射出来，用 PC 接收后进行图像处理。

7. 红外避障传感器

红外避障传感器用来探测不同方向的障碍物，可以使机器人有效地避开障碍物，如图 4-25 所示。

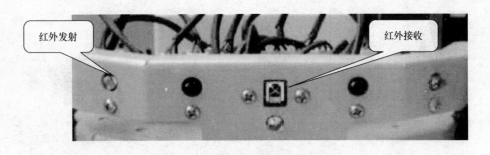

图 4-25　红外避障传感器的设置

红外发射端口接在数字输出端口 DO1～DO3 上；红外接收端口接在数字输入端口 DI6 上。

可使用函数 unsigned int IR ＿ CONTROL（unsigned int IN ＿ CHAN，unsigned int OUT ＿ CHAN）来实现红外避障传感器的相关检测功能。

此外还有许多传感器，可以让 MT-U 智能机器人拥有特殊本领。大部分传感器可以方便地运用 MTBUS 接在 MT-U 智能机器人上，并用 C 语言来编写驱动程序。

MT-U 智能机器人的魅力在于你能控制所有的资源，直接领悟信息采集与处理的机制，以及处理现实情况的复杂性和难以预测性。

4.3　MT-U 智能机器人的计算机硬件

　　MT-U 智能机器人计算机硬件的设计策略是尽量选择高速、功能齐全、可靠、周边设备集成度高的微控制器。MT-U 智能机器人微控制器采用 TI 公司生产的高速数字信号处理器 TMS320LF2407A。

　　同时，要充分考虑到软件开发工具问题。因为没有优秀方便的软件开发工具，硬件只能成为专有系统，而无法成为开发平台。TI 公司创新性地在 DSP 2407A 上实现的自下载功能，使我们拥有了纯软件开发调试的优秀工具 C 语言。C 语言既可用于开发高层应用软件，又便于开发低层驱动，还能交互调试，同时还兼容了汇编语言的编程功能。

4.3.1　微控制器

　　TI 公司生产的 TMS320 系列 DSP 专为实时信号处理而设计，该系列 DSP 将实时处理能力和控制器外设功能集于一身，适合于应用在控制系统中。

　　TMS320 系列中的 TMS320LF2407A 是 TI 公司最新推出的高性能 16 位 DSP，是 240X 家族中的新成员，是定点 DSP C2000 平台系列中的一员，专门为电动机控制与运动控制数字化优化实现而设计。它集 C2XX 内核增强型 TMS320 设计结构及适用于控制的低功耗、高性能、优化外围电路于一体，CPU 内部采用增强型哈佛结构，四级流水线作业，相对于过去的 16 位微处理器和微控制器，具有更高的性能和可靠性。

　　主控制器 CPU 是 TQFP 封装，具有 144 个引脚，如图 4-26 所示。

　　1. CPU

　　TMS320LF2407A 的 CPU 是基于 TMS320C2XX 的 16 位定点低功耗内核。体系结构采用四级流水线技术加快程序的执行，可在一个处理周期内完成乘法、加法和移位运算。

　　其中央算术逻辑单元（CALU）是一个独立的算术单元，它包括一个 32 位算术逻辑单元（ALU）、一个 32 位累加器、一个 16×16 位乘法器（MUL）和一个 16 位桶形移位器，同时乘法器和累加器内部各包含一个输出移位器。完全独立于 CALU 的辅助寄存器单元（ARAU）包含八个 16 位辅助寄存器，其主要功能是在 CALU 操作的同时执行八个辅助寄存器（AR0～AR7）上的算术运算。两个状态寄存器 ST0 和 ST1 用于实现 CPU 各种状态的保存。

　　TMS320LF2407A 采用增强的哈佛结构，芯片内部具有六条 16 位总线，即程序地址总线（PAB）、数据读地址总线（DRAB）、数据写地址总线（DWAB）、程序读总线（PRDB）、数据读总线（DRDB）、数据写总线（DWEB），其程序存储器总线和数据存储器总线相互独立，支持并行的程序和操作数寻址，因此 CPU 的读/写可在同一周期内进行，这种高速运算能力使自适应控制、卡尔曼滤波、神经网络、遗传算法等复杂控制算法得以实现。

　　2. 存储器配置

　　TMS320LF2407A 地址映像被组织为三个可独立选择的空间：程序存储器（64KB）、数据存储器（64KB）、输入/输出（I/O）空间（64KB）。这些空间提供了共 192KB 的地址范围。

　　其片内存储器资源包括 544B×16 位的双端口数据/程序 DARAM、2KB×16 位的单端口数据/程序 SARAM、片内 32KB×16 位的 Flash 程序存储器、256B×16 位片上 Boot

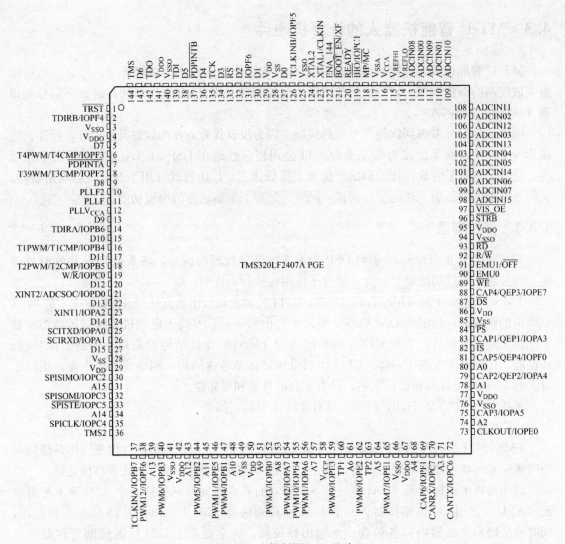

图 4-26　主控制器 DSP 芯片

ROM。片上 Flash/ROM 具有可编程加密特性。

TMS320LF2407A 的指令集有三种基本的存储器寻址方式：立即寻址方式、直接寻址方式、间接寻址方式。

主控制器 DSP 存储器分布图如图 4-27 所示。

3. 事件管理器模块

TMS320LF2407A 包含两个专用于电动机控制的事件管理器模块 EVA 和 EVB，每个事件管理器模块包括通用定时器（GP）、全比较单元、正交编码脉冲电路以及捕获单元。

（1）通用定时器　TMS320LF2407A 共有四个 16 位通用定时器，可用于产生采样周期，作为全比较单元产生 PWM 输出以及软件定时的时基。通用定时器有四种可选择的操作模式：停止/保持模式、连续增计数模式、定向增/减计数模式和连续增/减计数模式。每个通用定时器都有一个相关的比较寄存器 TxCMPR 和一个 PWM 输出引脚 TxPWM。每个通用定时器都可以独立地用于 PWM 输出通道，可产生非对称或对称 PWM 波形，因此，四个通用定时器最多可提供 4 路 PWM 输出。

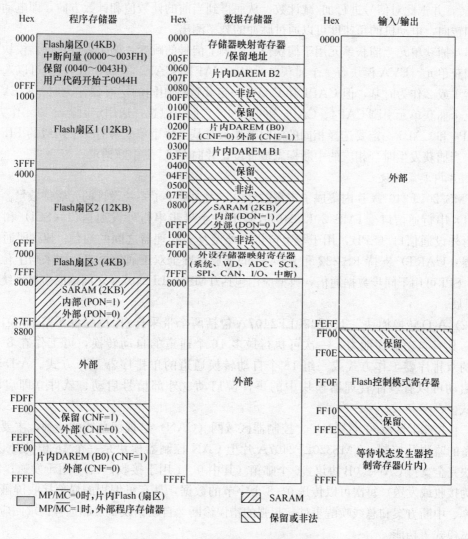

图 4-27　主控制器 DSP 存储器分布图

（2）全比较单元　TMS320LF2407A 的每个事件管理器模块有 3 个全比较单元（1、2 和 3（EVA）；4、5 和 6（EVB）），每个全比较单元各有一个 16 位比较寄存器 CMPRx，各有两个 CMP/PWM 输出引脚，可产生 2 路 PWM 输出信号控制功率器件，其输出引脚极性由控制寄存器（ACTR）的控制位来决定。根据需要，选择高电平或低电平作为开通信号，通过设置 T1 为不同工作方式，可选择输出对称 PWM 波形、非对称 PWM 波形或空间矢量 PWM 波形。

死区控制单元（DBTCON）用来产生可编程的软件死区，使得受每个全比较单元的两路 CMP/PWM 输出控制的功率器件的间次开启周期间没有重叠，最大可编程的软件死区时间达 16μs。

（3）正交编码脉冲电路　正交编码脉冲（QEP）电路可以对引脚 CAP1/QEP1 和 CAP2/QEP2 上的正交编码脉冲进行解码和计数，可以直接处理光电编码盘的 2 路正交编码脉冲，正交编码脉冲包含两个脉冲序列，有变化的频率和 1/4 周期（90°）的固定相位偏移，对输入的 2 路正交信号进行鉴相和 4 倍频。通过检测 2 路信号的相位关系可以判断电动机的正/反转，并据此对信号进行加/减计数，从而得到当前的计数值和计数方向，即电动机的角位移和转向，电动机的角速度可以通过脉冲的频率测出。

（4）捕获单元　捕获单元用于捕获输入引脚上信号的跳变，两个事件管理器模块总共有六个捕获单元。EVA模块有三个捕获单元引脚CAP1、CAP2和CAP3，它们可以选择通用定时器1或2作为时基，但CAP1和CAP2一定要选择相同的定时器作为时基；EVB模块也有三个捕获单元引脚CAP4、CAP5和CAP6，它们可以选择通用定时器3或4作为时基，但CAP4和CAP5一定要选择相同的定时器作为时基。每个单元各有一个两级的FIFO缓冲堆栈。当捕获发生时，相应的中断标志被置位，并向CPU发中断请求。

4. 片内集成外设

TMS320LF2407A片内集成了丰富的外设，大大减少了系统设计的元器件数量。

（1）串行通信口　TMS320LF2407A设有一个异步串行外设通信口（SCI）和一个同步串行外设通信口（SPI），用于与上位机、外设及多处理器之间的通信。SCI即通用异步收发器（UART）支持RS-232和RS-485的工业标准全双工通信模式，用来与上位机进行通信；SPI可用于同步数据通信，典型应用包括TMS320LF2407A之间构成多机系统和外部I/O扩展。

（2）A-D转换模块　TMS320LF2407A包括两个带采样/保持的各8路10位A-D转换器，具有自动排序能力，一次可执行最多16个通道的自动转换，可工作在8个自动转换的双排序器工作方式或一组16个自动转换通道的单排序器工作方式。A-D转换模块的启动可以有事件管理器模块中的事件源启动、外部信号启动、软件立即启动等三种方式。

（3）控制器区域网（CAN）　控制器区域网（CAN）是现场总线的一种，主要用于各种设备的监测及控制。TMS320LF2407A片上CAN控制器模块是一个16位的外设模块，该模块完全支持CAN2.0B协议，6个邮箱（其中0、1用于接收；4、5用于发送；2、3可配置为接收或发送）每次可以传送0～8个字节的数据，具有可编程的局部接收屏蔽、位传输速率、中断方案和总线唤醒事件、超强的错误诊断、自动错误重发和远程请求回应、支持自测试模式等功能。

CAN总线通信可靠性高，节点数有110个，传输速率高达1Mbit/s（此时距离最长为40m），直接通信距离可达10km（传输速率在5kbit/s以下），采用双绞线差动方式进行通信，有很强的抗干扰能力。

（4）锁相环电路（PLL）和等待状态发生器　锁相环电路用于实现时钟选项；等待状态发生器可通过软件编程产生用于用户需要的等待周期，以配合外围低速器件的使用。

（5）看门狗定时器与实时中断定时器　看门狗定时器与实时中断定时器均为8位增量计数器，前者用于监控系统软件和硬件工作，在CPU出错时产生复位信号；后者用于产生周期性的中断请求。

（6）外部存储器接口　可扩展为192KB×16位的最大可寻址存储器空间（64KB程序存储器、64KB数据存储器、64KB I/O空间）。

（7）数字I/O　TMS320LF2407A有40个通用、双向的数字I/O引脚，其中大多数都是基本功能和一般I/O复用引脚。

（8）JTAG接口　由于TMS320LF2407A结构复杂、工作速度快、外部引脚多、封装面积小、引脚排列密集等原因，传统的并行仿真方式已不再适合于TMS320LF2407A的开发应用。TMS320LF2407A 具有符合 IEEE1149.1 规范的 5 线 JTAG（边界扫描逻辑）串行仿真接口，能够极其方便地提供硬件系统的在线仿真和测试。

（9）外部中断　外部中断共有五个（功率驱动保护、复位、不可屏蔽中断 NMI 及两个可屏蔽中断）。

MT-U 智能机器人运行于扩展工作方式，扩展了 32KB 静态 RAM。

MT-U 智能机器人充分利用了 DSP TMS320LF2407A 的全部硬件资源。关于 DSP TMS320LF2407A 更详细的介绍信息请参照相关资料。

4.3.2　外部存储器

MT-U 智能机器人扩展了 32KB 的静态不挥发 RAM。其优点是既有静态 RAM 的速度和方便（70ns），又有 EEPROM 或 Flash 的掉电不丢失性，从而能将程序和数据合用一个芯片。存储器写入的数据可保存十年以上，同时具有可靠的上电、掉电、强静电等数据保护功能。

32KB RAM 用了 A0～A14 共 15 根地址线，构成 32KB 的地址空间，通过 GAL 将多个信号复合片选 32KB RAM，以实现选址和并行口扩展功能，如图 4-28 所示。

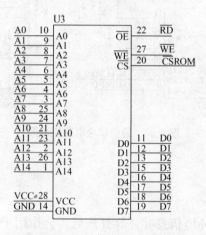

图 4-28　扩展存储器电路原理图

4.3.3　电源与复位电路

MT-U 智能机器人控制板采用稳定性很高、功耗较低的开关稳压芯片 LM2575-5，提供 1A 电流，5V 电压。电源加有反接保护电路、过电流保护电路和欠电压检测电路。

复位电路采用 RC 上电复位和按钮复位两种方式，如图 4-29 所示。

主板上有两个电池连接插座，扩展电池接口只用来为电动机（两只轮子驱动电动机、直流电动机、伺服电动机）提供电源，使用时要将主板的拨动开关由无扩展电池位置切换到使用扩展电池位置，这时所有电动机的电源都来自扩展电池。注意，电池的电压不能超过电动机的额定电压，例如大多数伺服电动机的额定电压为 9V。

4.3.4　通信模块

MT-U 智能机器人采用 MAX232 串口驱动芯片与 PC 通信，在 boot 程序中对接收数据判断处理，并驱动 SCI 发光二极管，因此当 PC 传输较多数据给 MT-U 智能机器人时，绿色

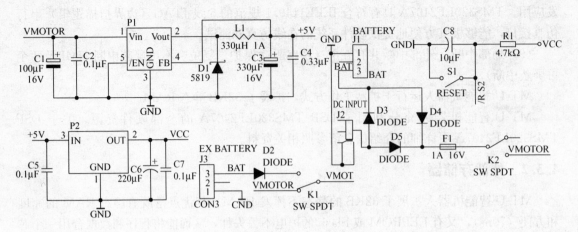

图 4-29 电源及复位电路原理图

SCI 发光二极管会闪动，如图 4-30 所示。

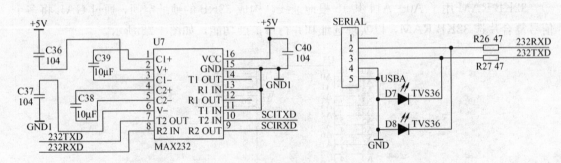

图 4-30 通信模块电路原理图

4.4 驱动器

MT-U 智能机器人获取环境信息并计算处理后，会作用于环境。MT-U 智能机器人作用于环境的驱动器有两个：直流电动机、扬声器。

两个直流电动机构成 MT-U 智能机器人的行走装置，采用差动驱动方式，可原地转向。

扬声器是 MT-U 智能机器人的嘴，碰到障碍可以发出警告声，可以唱歌，可以呼叫同伴。

4.4.1 电动机供电电源稳压电路

为了稳定电动机的工作电压和特性，我们加装了电池升压稳压电路，有效地提高了电动机在电池电压变化过程中的效率和稳定性，如图 4-31 所示。

4.4.2 电动机驱动电路

电动机驱动采用直流电动机主驱动芯片 LMD18200。

LMD18200 具有 3A 连续工作电流、6A 的最大电流、非常高的转换效率和纹波特性，并且具有过电流、过热保护电路，其连接电路如图 4-32 所示。

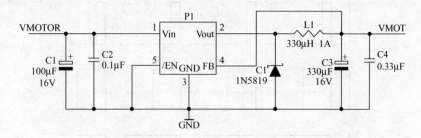

图 4-31　电动机供电电源稳压电路原理图

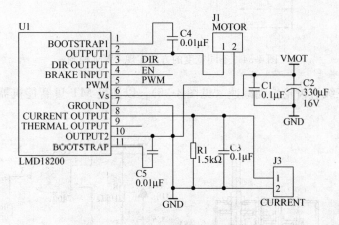

图 4-32　电动机驱动电路原理图

直流电动机在一定电压下，转速与转矩成反比；如果改变电压，则转速转矩线随着电压的升降而升降（见图 4-33）。在 MT-U 智能机器人负载一定时（即转矩一定时），降低电压，对应的转速 n_1、n_2 不同，$n_1 > n_2$，这样就可以实现用电动机调速。

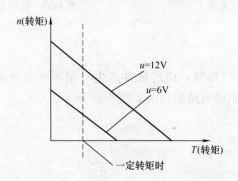

图 4-33　转矩、转速与电压关系图

在 MT-U 智能机器人里采用的是改变电动机电压的方式来改变电动机的转速。MT-U 智能机器人提供给电动机的信号是方波，不同方波的平均电压不同，我们就利用这一点来进行 MT-U 智能机器人的速度控制。采用不同的脉宽调节平均电压的高低，进而调节电动机的转速，即脉宽调制（Pulse Width Modulation，PWM）。如图 4-34 所示，通过改变脉冲宽度来调节输入到电动机的平均电压。

MT-U 智能机器人的电动机是经过减速器将转动传给轮子，将高速转化为低速。MT-U

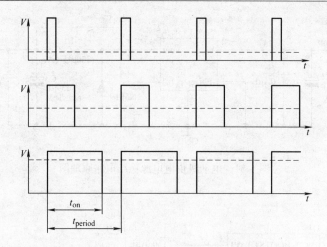

图 4-34　不同宽度的方波实现 PWM 控制

智能机器人通过三级直齿轮传动减速（见图 4-35），以满足 MT-U 智能机器人运行的速度和转矩。

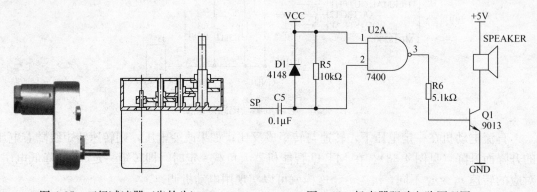

图 4-35　三级减速器（齿轮头）　　　　图 4-36　扬声器驱动电路原理图

4.4.3　扬声器

扬声器由 DSP 的 I/O 口控制，通过软件产生一定频率的脉冲信号，加以放大、整形，驱动扬声器发音，扬声器驱动电路原理图如图 4-36 所示。

4.5　LCD 显示板

4.5.1　LCD 液晶显示屏

LCD 液晶显示屏点阵类型是 128×64，可以显示中英文字符，如图 4-37 所示。128×64 点阵的屏幕使得 MT-U 智能机器人更加精致、漂亮。LCD 用于显示 MT-U 智能机器人实时运行的信息，在状态检测和故障诊断时特别有用。

4.5.2　LCD 显示控制

为了能够有效提高 MT-U 智能机器人的程序空间，增加 DSP 主控制器的执行效率，真正实现 MT-U 智能机器人和操作者之间的人机交互，我们采用了独立的 CPU 完成显示及键盘操作功能。

1. CPU

显示控制主 CPU 采用大家都很熟悉的 51 系列单片机 AT89S52 控制。

由于 MCS-51 集成了几乎完善的 8 位中央处理单元，处理功能强，中央处理单元中集成了方便灵活的专用寄存器，硬件的加、减、乘、除法器，布尔处理器及各种逻辑运算和转移指令，这给应用提供了极大的便利。MCS-51 的指令系统近乎完善，

图 4-37 LCD 液晶显示屏

指令系统中包含了全面的数据传送指令、完善的算术和逻辑运算指令、方便的逻辑操作和控制指令，对于编程来说，是相当灵活和方便的。

2. 主控制器 DSP 与显示控制器的通信

为了提高数据通信的实时性和可靠性，采用双向缓冲的方法实现了双机通信。这种通信方式大大提高了人机交互的响应速度，如图 4-38 所示。

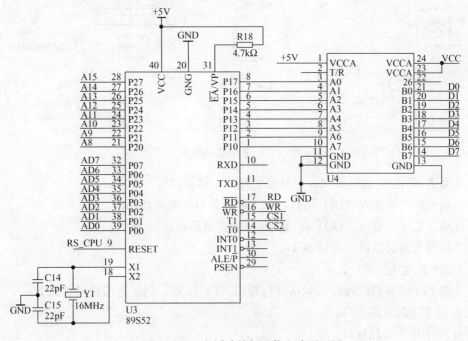

图 4-38 双向缓冲并行通信电路原理图

4.6 硬件扩展板

4.6.1 扩展控制主芯片

扩展控制主芯片采用复杂可编程逻辑芯片（CPLD）EPM7064STC100。

EPM7064STC100 是 Altera 公司推出的速度非常快的高性能、高集成度可编程逻辑器

件，属于 MAX7000 系列，是特殊的可编程 ASIC 芯片。它在第二代 MAX 结构的基础上，采用先进的 CMOS EEPROM 技术制造，是 100 引脚的 TQFP 封装，芯片内部是一个包含有大量逻辑单元的阵列，采用了连续式的布线结构，因而可以通过设计模型精确地计算信号在器件内部的时延。

EPM7064STC100 具有集成度高、工作速度快和在线编程方便的特性，适合于时序、组合逻辑电路以及输入/输出口扩展的应用。

4.6.2　扩展功能

MT-U 智能机器人的硬件扩展功能很多，如图 4-39 所示，主要包括以下功能接口。

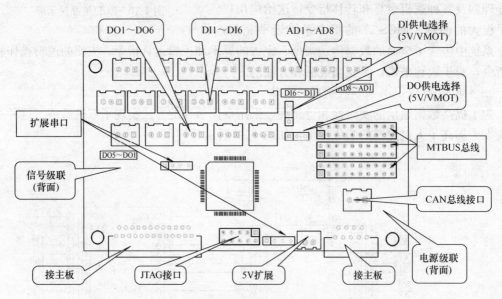

图 4-39　扩展板功能图

1）8 通道 10 位模-数转换（A-D 转换）接口，转换速度为 500ns。

2）6 通道数字量输入（DI）接口，每个通道具有光电隔离功能。

3）5 通道数字量输出（DO）接口，每个通道电流可达 500mA。

4）2 路异步通信接口（串口 SCI）。

5）CAN 总线通信接口。

6）3 路 MTBUS 总线接口（包括并行接口、I^2C 接口、同步通信接口（SPI））。

7）扩展卡电源级联接口。

8）扩展卡信号级联接口。

9）5V 电源扩展接口。

10）CPLD 可编程 JTAG 接口。

4.7　硬件扩展总线 MTBUS

MT-U 智能机器人控制板使用了 MTBUS 总线，其结构如图 4-40 所示，类似于 ISA 和 PCI 总线，采用 MTBUS 扩展卡可以方便地扩展控制板的功能。

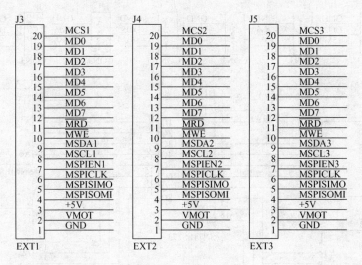

图 4-40　MTBUS 总线

MTBUS 有以下 20 个信号线及电源线。

MCS：片选信号线。

MD0～MD7：8 位并行数据总线。

$\overline{\text{MRD}}$：读信号线。

$\overline{\text{MWE}}$：写信号线。

MSDA：I^2C 数据线。

MSCL：I^2C 时钟线。

MSPIEN：SPI 接口使能线。

MSPICLK：SPI 时钟线。

MSPISIMO：SPI 从入主出线。

MSPISOMI：SPI 主入从出线。

+5V：5V 电源。

VMOT：电池＋。

GND：电池-或公共地。

下面举例介绍具体的扩展方法：扩展 8 个数字输出口。

如果想再增加几个 LED 来装饰 MT-U 智能机器人，想增加一个步进电动机，想增加 2 个伺服电动机制作的手爪，这些都需要扩展更多的输出口。

利用 MTBUS 的并行口扩展功能，采用地址锁存芯片 74HC273，用 MCS 线进行片选。数据总线送到 74HC273 后将被锁存，从而输出给外部设备，数字输出口 Output0～Output7 加驱动电路后可控制电动机、继电器、LED 等，如图 4-41 所示。

扩展卡接口：在机器人本体的扩展板上有三个扩展槽，三个扩展槽在机器人程序中端口号分别为 Port5000、Port6000、Port7000，如图 4-42 所示。

1. 数字量扩展卡（DI 数字量输入）

（1）数字量扩展卡（DI 数字量输入）技术指标　输入 8 路数字信号，输入电压：DC5V；信号方式：+5V、Ix、GND。

（2）数字量扩展卡（DI 数字量输入）在 MT-U 智能机器人上的安装方法　将数字量扩

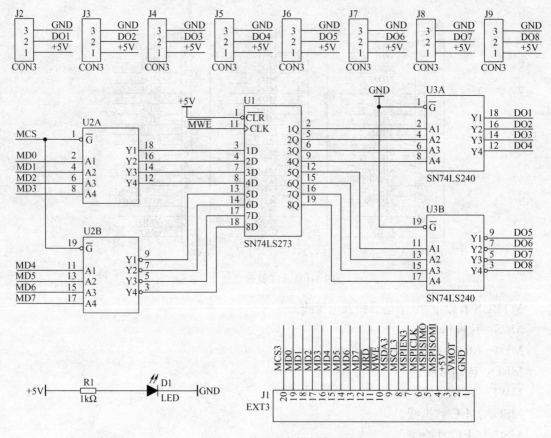

图 4-41　扩展 8 个数字输出口

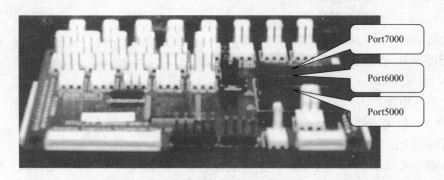

图 4-42　机器人本体扩展卡

展卡（DI 数字量输入）的排线接口和机器人的 MTBUS 标准总线（端口 Port5000）相连接，如图 4-43 所示。

（3）在 MT-U 智能机器人上使用数字量扩展卡的软件例程　这里采用直接对地址码的编程方法，方便学生对 DSP 硬件 C 语言编程的熟悉。

```
#include <stdio.h>
#include "ingenious.h"
unsigned int exdi1=0;
unsigned int exdi8=0;
```

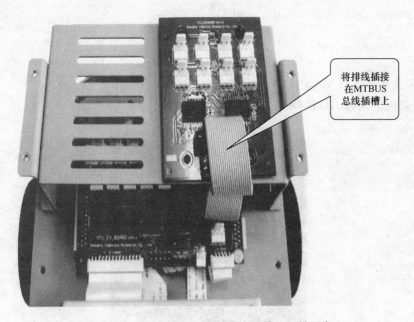

将排线插接
在MTBUS
总线插槽上

图 4-43　机器人数字量（DI 数字量输入）扩展卡

```
unsigned int exditemp＝0；
ioport unsigned int port5000；
void main（）
{
    while（1）
    {
        exditemp＝port5000；
        if（port5000 & 0x0001）
        {
        exdi1＝1；
    }
    else
    {
        exdi1＝0；
    }
    if（port5000 & 0x0080）
    {
        exdi8＝1；
    }
    else
    {
        exdi8＝0；
    }
    Mprintf（3," exdi1＝%d", exdi1）；
```

```
        Mprintf (5," exdi8=%d", exdi8);
    }
}
```

2. 模拟量扩展卡（AD 扩展卡）

模拟量扩展卡又称 AD 扩展卡，如图 4-44 所示。

图 4-44　机器人模拟量扩展卡（AD 扩展卡）

（1）模拟量扩展卡（AD 扩展卡）技术指标　最大输入：8 路模拟信号；输入电压：DC 0～5V；信号方式：+5V、ADx、GND。

（2）模拟量扩展卡（AD 扩展卡）在 MT-U 智能机器人上的安装方法　将模拟量扩展卡（AD 扩展卡）的排线接口和机器人的 MTBUS 标准总线（端口 Port6000）相连接。

（3）在 MT-U 智能机器人上使用模拟量扩展卡（AD 扩展卡）的软件例程

```
#include <stdio. h>
#include " ingenious. h"
int AD _ 1 = 0;
int AD _ 2 = 0;
int AD _ 3 = 0;
int AD _ 4 = 0;
int AD _ 5 = 0;
int AD _ 6 = 0;
void main ()
{
    while (1)
    {
        AD _ 1 = ad _ extend (2, 1);
        AD _ 2 = ad _ extend (2, 2);
        AD _ 3 = ad _ extend (2, 3);
        AD _ 4 = ad _ extend (2, 4);
```

```
AD _ 5 = ad _ extend (2, 5);
AD _ 6 = ad _ extend (2, 6);
Mprintf (3," AD2=%d", AD _ 2);
Mprintf (3," AD1=%d", AD _ 1);
Mprintf (5," AD4=%d", AD _ 4);
Mprintf (5," AD3=%d", AD _ 3);
Mprintf (7," AD6=%d", AD _ 6);
Mprintf (7," AD5=%d", AD _ 5);
sleep (200);
Clr _ Screen ();
}
}
```

3. 伺服电动机驱动卡

（1）最大可驱动 8 路伺服电动机　可支持本体供电、外部供电（外接电池）两种供电方式；具有过电流保护；带有 1A 熔丝；信号方式：+5V、SERVO、GND；与 MT-U 智能机器人连接：采用 MTBUS 标准总线。

（2）伺服电动机驱动卡在 MT-U 智能机器人上的安装方法　将伺服电动机驱动卡用排线连接并插接在 MTBUS EXT1 总线插槽上，然后选择跳线：跳线跳至 5V 表示驱动卡采用 MT-U 智能机器人本体供电方式；跳线跳至 EXPOWER 表示驱动卡采用外部电源（电池）供电方式。伺服电动机驱动卡电池供电输入口、排线与跳线位置如图 4-45 所示。

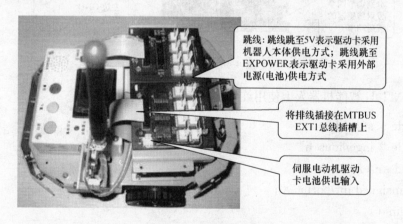

图 4-45　机器人伺服电动机驱动卡

（3）在 MT-U 智能机器人上使用伺服电动机驱动卡的软件例程

```
#include <stdio. h>
#include " ingenious. h"
void main ()
{
    while (1)
    {    ServoControl (90, 90, 90, 90, 90, 90, 90, 90);
```

```
        ServoControl (0, 0, 0, 0, 0, 0, 0, 0);
        ServoControl (−90, −90, −90, −90, −90, −90, −90, −90);
    }
}
```

4. 红外测障卡

（1）红外测障卡技术指标　最大可扩展 8 路接收和 4 路发射传感器；信号方式：+5V、IRRX、GND（接收部分），GND、+5V（发射部分）；与 MT-U 智能机器人连接：采用 MTBUS 标准总线；红外测障卡上的红外发射端只要一通电就呈现不断发射红外波的状态。

（2）红外测障卡在 MT-U 智能机器人上的安装方法　红外测障卡右边 4 个白色插座可外接 4 个红外接收传感器，每个白色插座的端口从下到上分别是 +5V、IRRX、GND。红外测障卡下面 4 个白色插座可外接 4 个红外发射传感器，每个白色插座左边是 GND 端口，右边是 +5V 端口。红外测障卡上 4 个电位器可分别调节 4 个发射传感器的发射功率，具体位置如图 4-46 所示。

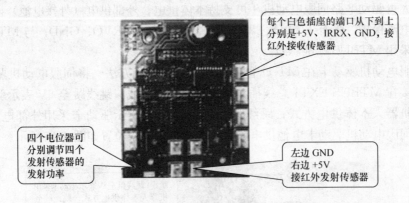

图 4-46　红外测障卡

（3）在 MT-U 智能机器人上使用红外测障卡的软件例程

```c
#include <stdio.h>
#include "ingenious.h"
unsigned int exdi1=0;
ioport unsigned int port5000;
void main ()
{
    while (1)
    {
        port5000=0x0001;
        sleep (1);
        port5000=0x0000;
        if (port5000 & 0x0001)
        {
            exdi1=0;
```

```
    }
    else
    {
        exdi1＝1;
    }
    Mprintf（1,″ exdi1＝％d″, exdi1）;
    }
}
```

习　题

1. 智能机器人的三大要素是什么? 各起什么作用?

2. 智能机器人除了使用碰撞传感器来检测运动时碰到的障碍物, 还有哪些方法可以检测障碍物?

3. 有哪些方法可以检测智能机器人运动时的速度、距离?

4. 还有哪些传感器可以使用在智能机器人上? 简述它们的用途。

5. 智能机器人一般使用哪些类型的电动机?

6. 有哪些方法可以改变智能机器人直流电动机转速?

7. 智能机器人输入的模拟量与数字量有什么不同?

第5章 编程——赋予 MT-U 智能机器人智慧

5.1 第一个流程图程序：走直线

双击 mtu 文件夹中的可执行文件 Robot.exe ➤◄ 图标，进入 MT-U 智能机器人编程界面，如图 5-1 所示。它支持流程图语言、汇编 ASM 和 C 语言程序。

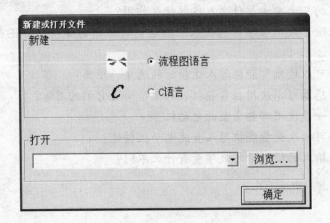

图 5-1　新建或打开文件

5.1.1 用流程图语言实现 MT-U 智能机器人直线行走

在图 5-1 中选择"流程图语言"，单击"确定"按钮，进入图 5-2 所示的初始界面。

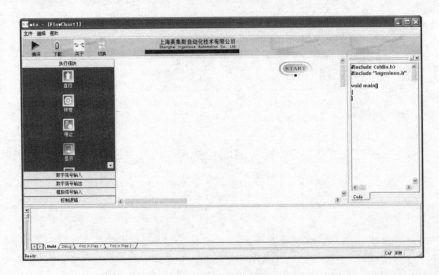

图 5-2　初始界面

流程图模块包括五个部分：执行模块、数字信号输入、数字信号输出、模拟信号输入和控制逻辑。

执行模块可实现直行、转弯、停止、显示、等待、清屏、音乐、手臂控制等功能。直行函数为 move（int SPEEDL，int SPEEDR，int EXSPEED），参数分别为左轮速、右轮速和扩展电动机的速度，速度范围在－2000～＋2000 内。

将鼠标移到执行模块中的直行图标[直行]处，按住鼠标左键将直行图标拖到 START 下面，当 START 下面的黑色小正方形[START]变成红色时松开鼠标，单击鼠标右键可以修改直行的属性值，这时在右边的 Code 区可以看到直行相对应的 C 代码。接着将等待图标[等待]按相同方法拖到直行的下面，单击鼠标右键修改让 MT-U 智能机器人运动多长时间停止的延迟时间（单位为毫秒）。最后将停止图标[停止]拖到等待的下面。直线行走程序界面如图 5-3 所示。

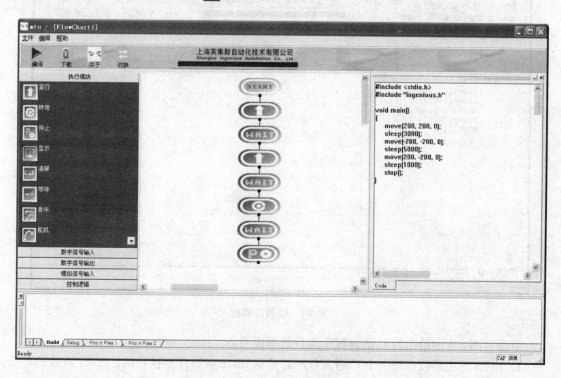

图 5-3　直线行走程序界面

程序编译及下载到机器人运行的过程如下：

1）单击编译按钮[编译]。

2）将 MT-U 智能机器人与计算机连接起来（用串口连接线，一端接计算机的九针串口，另一端接 MT-U 智能机器人后面控制面板上的下载口）。

3）将 MT-U 智能机器人的"开关"按钮打开，使 MT-U 智能机器人处于开机的状态。

4）MT-U 智能机器人液晶屏上出现"运行"或"下载"提示内容时，通过 MT-U 智能机器人左面的 UP 或 DOWN 按钮调到下载功能，按下 OK 按钮，接着按下黄色"下载"按钮，此时屏幕上会显示"下载等待…"（一定要确认屏幕出现省略号后再执行下一步）。

5）按流程图界面中的 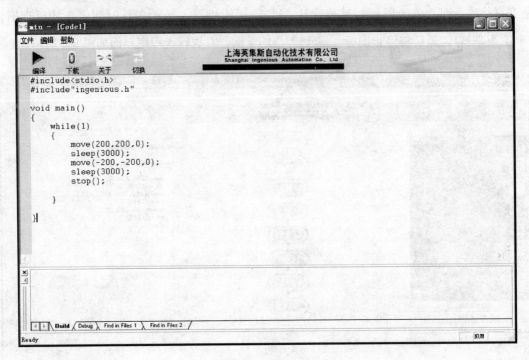 按钮，待看到"下载成功！"字样时，取下串口连接线，将 MT-U 智能机器人放在平稳的地方，按"复位"按钮，选择液晶屏上运行显示的 OK 标志，按 MT-U 智能机器人上的绿色"运行"按钮，此时 MT-U 智能机器人就以左、右轮都为 200 的速度运动 3s 之后停止。

5.1.2　用 C 语言实现直线行走

在图 5-1 中选中"C 语言"单选按钮，然后单击"确定"按钮，在出现的界面上编写 C 语言程序，如图 5-4 所示。

图 5-4　C 语言界面

下面对图 5-4 中给出的 C 语言程序进行简单说明：

1）main 是主函数，每一个 C 语言程序总是从 main 函数开始执行的；main 函数的开始和结尾分别有个"{"和"}"。

2）void 可以理解为"不带返回值"，所以第一句就可以理解为一个程序的"开头"。

3）move（200，200，0）函数参数分别为 MT-U 智能机器人的左轮速、右轮速和扩展电动机的速度。

4）sleep（3000）表示延迟 3s。

5）stop（）表示停止显示。

6）程序中每一句结尾都要加"；"，这是 C 语句结束的标志。

如果把上面这段程序下载到 MT-U 智能机器人中，MT-U 智能机器人就会如 5.1.1 节中的效果一样实现直线行走。

每个流程图的图形模块都代表一组 C 语言代码。

注意：当在 MT-U 智能机器人运行这个程序时，可能会发现 MT-U 智能机器人走的并不是直线而是曲线。请不要担心，这也是正常的。因为这是一个开环的控制，MT-U 智能机器人受到电动机性能差异、轮子一致性的差异等因素的影响，很难走出直线。同样的问题会在 5.2 一节中遇到，想一想怎样才能真正实现走直线呢？

5.2　MT-U 智能机器人走出规则轨迹

1. 走圆

先让 MT-U 智能机器人以速度+200 前进 3s，再让 MT-U 智能机器人以速度-200 后退 5s，再在原地以速度+200 旋转 1s 后停止。流程图编程界面如图 5-5 所示。

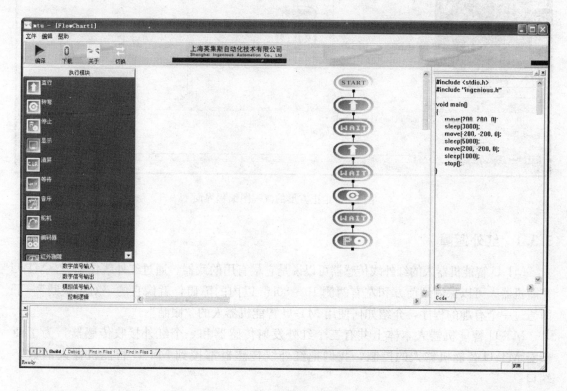

图 5-5　走圆的流程图编程界面

2. 走正方形

先以速度 200 走 3s，停止，以速度 200 右转 0.85s，停止，以速度 200 走 3s，停止，接下来与前相同。流程图编程界面如图 5-6 所示。

5.3　让 MT-U 智能机器人感知环境信息

在模拟信号输入模块中，有让 MT-U 智能机器人能够感知环境信息的模块，这些功能模块的调用能够带给 MT-U 智能机器人感觉。比如，"光敏检测"模块能够让 MT-U 智能机器人感觉到外界光线的强弱；"红外测障"模块能够让 MT-U 智能机器人检测前、左、右方的障碍等。下面我们就试着让 MT-U 智能机器人感知外界环境。

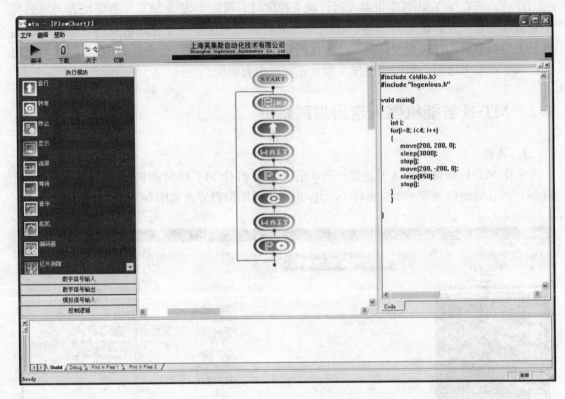

图 5-6 走正方形的流程图编程界面

5.3.1 红外避障

MT-U 智能机器人的红外线传感器可以说是它最有用的武器。通过红外线传感器，MT-U 智能机器人可以探测到前方和左右两侧 10~80cm 以内的障碍，就像它的一对"眼睛"。下面通过一个有趣的程序，介绍如何使用 MT-U 智能机器人的"眼睛"。

MT-U 智能机器人本体上共有三个红外发射传感器和一个红外接收传感器，为了便于对 MT-U 智能机器人的控制，我们把红外线传感器都接到 MT-U 智能机器人的数字端口。

三个红外发射传感器分别接到数字输出端口的 DO1~DO3 上，红外接收端口接到数字输入端口的 DI6 上。

红外发射和接收有一个专用的函数：

Unsigned int IR_CONTROL（unsigned int IN_CHAN，unsigned int OUT_CHAN）；

IR_CONTROL（int a，int b）中第一个参数表示红外接收端口，第二个参数表示红外发射端口。

利用此函数的例子：

#include <stdio. h>

#include " ingenious. h"

int obstacle1＝0；

int obstacle2＝0；

```
int obstacle3＝0；
void main ()
{
    while (1)
    {
        obstacle1 ＝IR _ CONTROL (6，1)；
        obstacle2 ＝IR _ CONTROL (6，2)；
        obstacle3 ＝IR _ CONTROL (6，3)；
        Mprintf (3," obs1＝%d"，obstacle1)；
        Mprintf (5," obs2＝%d"，obstacle2)；
        Mprintf (7," obs3＝%d"，obstacle3)；
        if (obstacle1 && obstacle2 && obstacle3)
        {
            move (200，200，0)；
        }
        else
        {
            if (! obstacle1)
            {
                move (－200，200，0)；
            }
            else
            {
                move (200，－200，0)；
            }
        }
    }
}
```

5.3.2 PSD 导航

　　这个例子实现了跟随前方物体的动作。主要使用了 PSD（Position Sensitive Detector）位置敏感检测传感器，PSD 传感器在工作时能够感测到前端一定距离范围内是否有障碍物，其返回一个模拟量，障碍物在某一具体位置时，PSD 返回的值才是最大的，否则无论是远近都返回较小的值。MT-U 智能机器人可以跟随前方移动的人或物；如果撞上前方的物体，就停一停；如果前方红外系统探测范围内没有物体，它就停下来。给一个 MT-U 智能机器人下载避让程序，其他的 MT-U 智能机器人下载跟踪程序，在适当的条件下能看到，MT-U 智能机器人一个跟着一个排成长龙，鱼贯前进。以下的程序需要三个 PSD 传感器。

　　源程序如下：

#include <stdio. h>

```
#include " ingenious. h"
int AD _ 1 = 0;
int AD _ 2 = 0;
int AD _ 3 = 0;
void main ()
{
    while (1)
    {
        AD _ 1 = AD (1);
        AD _ 2 = AD (2);
        AD _ 3 = AD (3);
        if (AD _ 1>300 | | AD _ 2>300 | | AD _ 3>300)
        {
            if (AD _ 1>300 | | (AD _ 1>300&&AD _ 2>300))
            {
                Mprintf (3," ad1=%d", AD _ 1);
                Mprintf (5," ad2=%d", AD _ 2);
                Mprintf (7," ad3=%d", AD _ 3);
                move (180, -100, 0);
                sleep (100);
                move (150, 150, 0);
                sleep (200);
            }
            else
            {
                if (AD _ 3>300 | | (AD _ 3>300&&AD _ 2>300))
                {
                    Mprintf (3," ad1=%d", AD _ 1);
                    Mprintf (5," ad2=%d", AD _ 2);
                    Mprintf (7," ad3=%d", AD _ 3);
                    move (-100, 180, 0);
                    sleep (100);
                    move (150, 150, 0);
                    sleep (200);
                }
                else
                {
                    Mprintf (3," ad1=%d", AD _ 1);
                    Mprintf (5," ad2=%d", AD _ 2);
                    Mprintf (7," ad3=%d", AD _ 3);
```

```
        move (160，160，0);
            }
        }
    }
    else
    {
        Mprintf (3," ad1=%d"，AD_1);
        Mprintf (5," ad2=%d"，AD_2);
        Mprintf (7," ad3=%d"，AD_3);
        move (0，0，0);
        }
    }
}
```

5.3.3　碰撞开关

5 个碰撞开关分别接在 DI 口的 DI1～DI5 上，DI1 在 MT-U 智能机器人右前方，DI1～DI5 为逆时针旋转排列，当 MT-U 智能机器人前方无障碍物时，MT-U 智能机器人前进；当 MT-U 智能机器人前方碰到障碍物时，MT-U 智能机器人避开障碍物。源程序如下：

```
#include <stdio. h>
#include " ingenious. h"
int DI_1 = 0;
int DI_2 = 0;
int DI_3 = 0;
int DI_4 = 0;
int DI_5 = 0;
void main ()
{
    while (1)
    {
        DI_1 = DI (1);
        DI_2 = DI (2);
        DI_3 = DI (3);
        DI_4 = DI (4);
        DI_5 = DI (5);
        if (DI_1 || DI_2 || DI_3)
        {
            if (DI_1)
            {
```

```
        move (－200，－200，0);
        sleep (500);
        move (－200，200，0);
        sleep (500);
    }
    else
    {
        move (－200，－200，0);
        sleep (500);
        move (200，－200，0);
        sleep (500);
    }
}
else
{
    move (200，200，0);
}
if (DI＿4 ｜｜ DI＿5)
{
    if (DI＿4)
    {
        move (－200，200，0);
    }
    else
    {
        move (200，－200，0);
    }
}
else
{
    move (200，200，0);
}
}
}
```

程序中 DI＝1 表示碰到障碍物了。

5.3.4　光敏传感器

　　光敏传感器的使用和红外系统类似，所不同的是光敏传感器只能感知左右两侧的明暗，和距离没有直接关系。调用 AD 函数就能返回两侧光敏传感器的测量值。光敏传感器反馈回来的值取决于光的强度，光越亮返回来的值越小；反之，光越暗返回来的值越大。下面设计

个简单的程序，当返回来的值小于某个设定值时，让 MT-U 智能机器人前进；反之，让
MT-U 智能机器人停止。

源程序如下：

```
#include <stdio. h>
#include " ingenious. h"
int AD_1 = 0;
int AD_4 = 0;
void main ()
{
    while (1)
    {
        AD_1 = AD (1);
        AD_4 = AD (4);
        Mprintf (3," ad1=%d", AD_1);
        Mprintf (5," ad4=%d", AD_4);
        if (AD_1<300 || AD_4<300)
        {
            move (200, 200, 0);
        }
        else
        {
            move (-200, -200, 0);
            sleep (1000);
            move (200, -200, 0);
            sleep (1000);
            move (200, 200, 0);
        }
    }
}
```

该实验是在室内白炽灯下，当 AD_1 或 AD_4 小于 300 时，MT-U 智能机器人前进；
当用手挡住两个光敏传感器时，MT-U 智能机器人先后退 1s 再左转 1s，然后前进。

5.3.5　远红外线传感器

远红外线传感器可以用于灭火，火的亮度越大，测得的值越大；反之，测得的值越小。
设计一个简单的程序，可以实现 MT-U 智能机器人寻找火源。源程序如下：

```
#include <stdio. h>
#include " ingenious. h"
int AD_2 = 0;
int AD_3 = 0;
```

```c
void main ()
{
    while (1)
    {
     AD_2 = AD (2);
     AD_3 = AD (3);
     Mprintf (7," AD2=%d", AD_2);
     Mprintf (7," AD3=%d", AD_3);
     if (AD_2<=400 && AD_3<=400)
     {
         move (200, 200, 0);
     }
     else
     {

         AD_2 = AD (2);
          AD_3 = AD (3);
          Mprintf (7," AD2=%d", AD_2);
          Mprintf (7," AD3=%d", AD_3);
          if (AD_2>600)
          {
            move (200, 200, 0);
          }
          else
          {
             if (AD_2<=AD_3)
             {
                 move (-200, 200, 0);
                 sleep (300);
                 move (200, 200, 0);
             }
             else
             {
                 move (200, -200, 0);
                 sleep (300);
                 move (200, 200, 0);
             }
          }
     }
    }
}
```

远红外线传感器对光的强度比较敏感，做实验时最好点蜡烛，当两个远红外线传感器 AD2、AD3 采集的值同时小于 400 时，MT-U 智能机器人前进；当其中有一个大于 400 且小于 600 时，根据 AD2、AD3 两者的比较寻找光源。

5.3.6 音乐

流程图中在执行模块里包括一个音乐图标 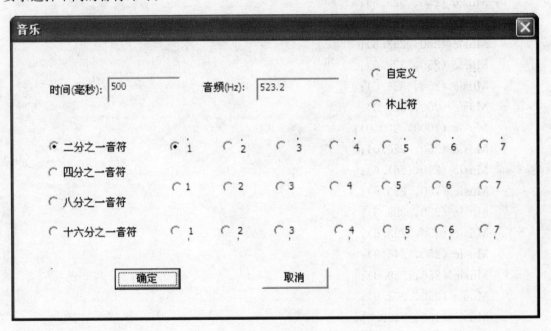，将其拖入右边，用鼠标右键单击 图标后会弹出快捷菜单，选择"属性"子菜单，将弹出图 5-7 所示的音乐编辑界面。只要按乐谱要求选择不同的音符即可。

图 5-7　音乐编辑界面

此时就可以自己编一段音乐了，在这里的程序中我们编的是一首《上海滩》，源程序如下：

```
#include <stdio.h>
#include "ingenious.h"
void main ()
{
    Music (250，329.6);
    Music (250，391.9);
    Music (1500，440.0);
    Music (250，329.6);
    Music (250，391.9);
    Music (1500，293.6);
    Music (250，329.6);
    Music (250，391.9);
```

```
        Music (250, 440.0);
        Music (500, 523.2);
        Music (250, 440.0);
        Music (500, 391.9);
        Music (250, 261.6);
        Music (250, 329.6);
        Music (1500, 293.6);
        Music (250, 293.6);
        Music (250, 329.6);
        Music (1500, 391.9);
        Music (250, 293.6);
        Music (250, 329.6);
        Music (250, 329.6);
        Music (250, 220.0);
        Music (1000, 220.0);
        Music (250, 220.0);
        Music (250, 261.6);
        Music (750, 293.6);
        Music (250, 329.6);
        Music (250, 293.6);
        Music (250, 246.9);
        Music (250, 220.0);
        Music (250, 261.6);
        Music (1500, 196.0);
        Music (250, 329.6);
        Music (250, 391.9);
        Music (1500, 440.0);
        Music (250, 329.6);
        Music (250, 391.9);
        Music (1500, 293.6);
        Music (250, 329.6);
        Music (250, 391.9);
        Music (250, 440.0);
        Music (500, 523.2);
        Music (250, 440.0);
        Music (250, 391.9);
        Music (500, 261.6);
        Music (250, 329.6);
        Music (1500, 293.6);
    }
```

5.3.7 传声器

以下面的程序为例，简要介绍一下传声器的使用。

```c
#include <stdio.h>
#include " ingenious. h"
int AD_9 = 0;
void main ()
{
    while (1)
    {
        AD_9 = AD (9);
        while (AD_9<300)
        {
            AD_9 = AD (9);
        }
        move (300, 300, 0);
        sleep (200);
        AD_9 = AD (9);
        while (AD_9<300)
        {
            AD_9 = AD (9);
        }
        stop ();
        sleep (200);
    }
}
```

传声器用于采集声音的强度，当拍一下巴掌时，声音强度大于 300，就跳出第二个 while 循环，程序继续向下执行，MT-U 智能机器人向前行走；当再拍一次巴掌时，MT-U 智能机器人停止。

5.3.8 一个综合程序

下面结合 MT-U 智能机器人本体上的传感器实现 MT-U 智能机器人寻找火源的功能，在寻找过程中如果遇到障碍物，则通过 PSD、碰撞开关避开障碍物，源程序如下：

```c
#include <stdio.h>
#include " ingenious. h"
int AD_1 = 0;
int AD_2 = 0;
int AD_3 = 0;
int AD_4 = 0;
```

```
int DI _ 1 = 0;
int DI _ 2 = 0;
int DI _ 3 = 0;
int DI _ 4 = 0;
int DI _ 5 = 0;
int   obstacle1＝0;
int   obstacle2＝0;
int   obstacle3＝0;
void main ()
{
    while (1)
    {
        AD _ 1 = AD (1);
        AD _ 2 = AD (2);
        AD _ 3 = AD (3);
        AD _ 4 = AD (4);
        DI _ 1 = DI (1);
        DI _ 2 = DI (2);
        DI _ 3 = DI (3);
        DI _ 4 = DI (4);
        DI _ 5 = DI (5);
        obstacle1 =PSD (6, 1);
        obstacle2 =PSD (6, 2);
        obstacle3 =PSD (6, 3);
        Mprintf (1," obs1=%d", obstacle1);
        Mprintf (1," obs2=%d", obstacle2);
        Mprintf (3," obs3=%d", obstacle3);
        Mprintf (7," AD2=%d", AD _ 2);
        Mprintf (7," AD3=%d", AD _ 3);
        if (AD _ 2<400&&AD _ 3<400)
        {
            if (obstacle1&&obstacle2&&obstacle3)
            {
                move (200, 200, 0);
                DI _ 1 = DI (1);
                DI _ 2 = DI (2);
                DI _ 3 = DI (3);
                if (DI _ 1 || DI _ 2 || DI _ 3)
                {
                    if (DI _ 1)
```

```
            {
                move (−200, −200, 0);
                sleep (500);
                move (−200, 200, 0);
            }
            else
            {
                move (−200, −200, 0);
                sleep (500);
                move (200, −200, 0);
            }
        }
        if (DI_4 || DI_5)
        {
            move (200, 200, 0);
        }
    }
    else
    {
        if (! obstacle1)
        {
            move (−200, 200, 0);
        }
        else
        {
            move (200, −200, 0);
        }
    }
}
else
{
    AD_2 = AD (2);
    AD_3 = AD (3);
    Mprintf (7," AD2=%d", AD_2);
    Mprintf (7," AD3=%d", AD_3);
    if (AD_2>600)
    {
        move (200, 200, 0);
    }
    else
```

```
        {
            if（AD_2<=AD_3）
            {
                move（-200，200，0）;
                sleep（300）;
                move（200，200，0）;
            }
            else
            {
                move（200，-200，0）;
                sleep（300）;
                move（200，200，0）;
            }
        }
    }
}
```

在上述程序中有一个检测传感器的常用结构"while（1）〔检测传感器；做出响应;〕"。该结构实现了对传感器的循环检测，使 MT-U 智能机器人能够对周围环境的变化及时做出响应。MT-U 智能机器人做出的响应可以是改变运动方式，也可以是改变一个内部变量。

要用好 MT-U 智能机器人传感器，需要对测量、采样原理有所了解。通常在使用传感器测量之前都有个标定过程，设置测量值的参考点。MT-U 智能机器人在出厂前，已经对所有的传感器进行了检测，但是器件偏差和环境干扰是不可避免的。比如可能会出现左右光敏对同样光强的测量值不一样，或采样出现异常值。所以在编程中，使用一些偏移量校正、去除测量噪声和避免误触发的方法还是很有用的，具体方法可参考相关文献资料。

习　题

1. 流程图模块有哪几部分?
2. 执行模块有哪些功能?
3. 将本章中用 C 语言编写的程序用流程图的方法实现。

第6章 MT-U智能机器人C语言快速入门

从本章开始，我们将逐步迈进代码编程的世界，在编写功能更强大的程序之前，需要了解一些编程的基础知识。下面我们以C语言为参考，一起来感受代码编程的魅力。

6.1 C语言程序与算法

6.1.1 程序与算法的概念

计算机帮助人类处理数据和文件的能力并不是天生的，而是人类赋予它们的，人类要想指挥计算机就需要和它交流，交流的工具就是计算机程序。计算机程序（program）是为实现特定目标或解决特定问题而用计算机语言编写的命令序列的集合，是用汇编语言、高级语言等开发、编制出来的可以运行的文件，在计算机中称为可执行文件（扩展名一般为.exe）。如果没有程序，计算机就什么也不会做。在本书中我们重点强调机器人程序，实际上，这只是对于用于控制机器人的计算机程序的一个特称，它属于计算机程序的一种。

算法，广义地说，它是为解决一个问题而采取的方法和步骤。例如，要把篮球投进篮筐里，首先要拿起篮球，然后按照一定角度和力度把球投出去；喷气式飞机要飞上天，首先要在跑道上加速，当速度足够高时，才能够飞起来；"三三"刷牙法也可以称为一种算法，因为它指定了刷牙的步骤和方法。对于同一个问题，可以有不同的解决方法和步骤，也就产生了不同的算法。比如说投篮，可以用一只手，也可以用两只手；可以先跳起来再投，也可以不跳。

对于计算机程序应包含的内容，著名计算机科学家沃思（Nikiklaus Wirth）提出过一个公式：

$$数据结构＋算法＝程序$$

6.1.2 C语言简介

1. C语言的发展历史

C语言的发展颇为有趣。它的原型是ALGOL（ALGOrithmic Language）60语言。

1963年，剑桥大学将ALGOL 60语言发展成为CPL（Combined Programming Language）语言。

1967年，剑桥大学的Matin Richards对CPL语言进行了简化，于是产生了BCPL语言。

1970年，美国贝尔实验室的Ken Thompson将BCPL语言进行了修改，并为它起了一个有趣的名字："B语言"。意思是将CPL语言煮干，提炼出它的精华，并且他用B语言写了第一个UNIX操作系统。

1973 年，B 语言也被人"煮"了一下，美国贝尔实验室的 D. M. RITCHIE 在 B 语言的基础上最终设计出了一种新的语言，他取了 BCPL 的第二个字母作为这种语言的名字，这就是 C 语言。

2. C 语言的特点

（1）简洁紧凑、灵活方便　C 语言只有 32 个关键字、9 种控制语句，程序书写自由，主要用小写字母表示。

它把高级语言的基本结构和语句与低级语言的实用性结合起来。C 语言可以像汇编语言一样对位、字节和地址进行操作，这三种是计算机世界里最基本的数据操作。

（2）运算符丰富　C 语言的运算符包含的范围很广泛，共有 34 个运算符。C 语言把括号、赋值、强制类型转换等都作为运算符处理，从而使 C 的运算类型极其丰富，表达式类型非常多样化，灵活使用各种运算符可以实现在其他高级语言中难以实现的运算。

（3）数据结构丰富　C 语言的数据类型有整型、实型、字符型、数组类型、指针类型、结构体类型、共用体类型等，能用来实现各种复杂的数据类型的运算。引入了指针的概念，使程序效率更高；另外，C 语言具有强大的图形功能，支持多种显示器和驱动器；计算功能、逻辑判断功能强大。

（4）C 语言是结构式语言　结构式语言的显著特点是代码及数据的分隔化，即程序的各个部分除了必要的信息交流外彼此独立。这种结构化方式可使程序层次清晰，便于使用、维护以及调试。

6.1.3　C 语言与机器人

C 语言是目前应用比较广泛的编程语言之一，在教学过程中，要想使学生能够熟练地掌握它，教师就应该像进行其他类型的语言教学一样，让学生有尽可能多的机会使用这种语言，让他们在实际应用中对 C 语言的语法结构和规则技巧有一个直观的了解。

目前在 C 语言的教学过程中，许多学校都使用 PC（个人计算机）作为 C 语言的练习平台，但是这种方式并不能给学生以直观的印象，目前逐渐兴起的以智能机器人为教学平台的学习方式有力地弥补了这一方面的不足。

正如比尔·盖茨所预言的一样，机器人即将重复个人计算机崛起的道路。点燃机器人普及的"导火索"，这场革命必将与个人计算机一样，彻底改变这个时代的生活方式。

随着科学的进步，机器人已经出现在了人们的日常生活当中，并且正在逐渐普及。在医院，出现了可以帮助医生和护士端水送药的机器人，在家庭里，出现了可以打扫卫生的机器人，另外还有负责在危险的情况下进行搜救工作的机器人等，机器人正发挥着越来越重要的作用。

要使机器人为人类服务，我们首先必须教会机器人如何去做一件事。例如，要想让机器人帮我们把放在屋里的一个箱子搬到屋外，这对于人类来说是一件很容易办到的事，可是机器人却不知道如何来做这样一件事，我们必须告诉它，首先要移动到屋里存放箱子的地方，将箱子抱起来，再移动到屋外，最后将箱子放下。在这个过程中，我们将"把放在屋里的一个箱子搬到屋外"这个任务分解成若干个相对简单的步骤，只要机器人按照这些步骤来执行，就可以完成这个任务。这些相对简单的步骤实际上就是让机器人完成这个任务的"程序"，只要机器人按照我们教给它的程序一步一步地执行，最终就可以完成指定的任务。程序的例子在日常生活中随处可见，例如在做菜的时候，先放油，再放盐，这就是一个简单的做菜的程序。在盖房子的时候，要先打地基，然后盖第一层，接着是第二层……，最后是装修等，这就是盖房子的程序。我们怎样才能告诉机器人，让它按照我们为它安排的程序来做一件事呢？在日常生活中，我们可以通过语言来交流，例如军官向士兵发号施令："立正"，当士兵听到这个命令后，就会以立正的姿势站立。前面所说的程序是用我们平时使用的语言来表达的，机器人听不懂我们日常生活中所使用的语言，我们必须使用可以被机器人所理解的语言来告诉机器人想让它做什么，也就是用一种可以被机器人所理解的语言来表达某个程序，这样机器人就可以按照这个程序来完成一项任务。程序设计语言就是这样一门可以被机器人理解的语言。我们可以用程序设计语言来表达一个程序，然后将这个程序交给机器人，机器人就可以按照这个程序来执行，最终完成某项任务。用程序设计语言来表达一段程序，也就是用程序设计语言来写一段程序的这个过程，我们叫作编程，或者是程序设计，这样写出来的程序通常也叫作代码。机器人编程就是为机器人设计程序，只要机器人按照这个程序来执行，就可以完成某项任务。

6.2　编程环境

6.2.1　C 语言流程图符号

智能机器人的编程环境有流程图编程环境和 C 语言编程环境。界面分别如图 6-1、图 6-2所示。在进行复杂的 C 语言程序编程之前，一般要有各个程序模块的流程图。

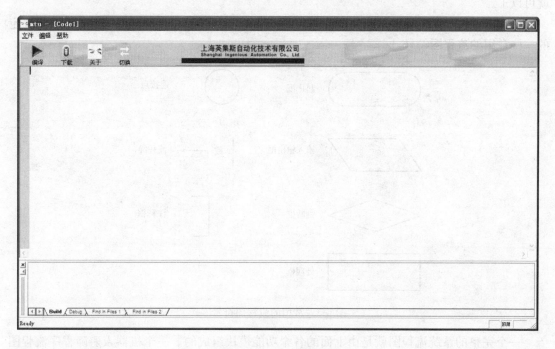

图 6-1　C 语言编程界面

日常生活中人们在进行一项复杂的工作之前一般要制订一个大致活动计划，计划对活动中的各种事情有一个整体的进度安排，而具体到某一项工作时又会有相关的详细计划。我们在编程之前写出的流程图就像是我们这次编程环境中的计划，针对某一项具体的工作，通过

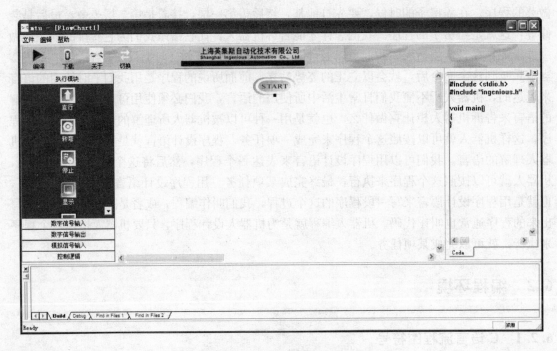

图 6-2　流程图编程环境

画流程图的方式整理出了工作执行步骤，然后只要使用 C 语言把各个实际的工作步骤完成就可以了。

图 6-3 所示为美国国家标准化协会 ANSI（American National Standard Institute）规定的一些常用的流程图符号。

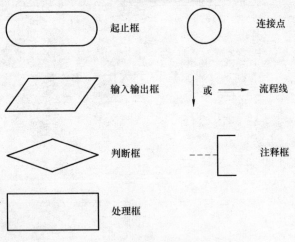

图 6-3　常用的流程图符号

一个完整的系统流程图就是由上面的各个功能模块组成的。一个机器人避障程序流程图实例如图 6-4 所示。

流程图实现的功能是：机器人在前进的同时利用前端的三个红外避障传感器检测障碍物，传感器分别位于机器人的左前、右前和正前端，由流程图可以看出，三个不同位置的传感器在检测到障碍物时会有不同的动作。

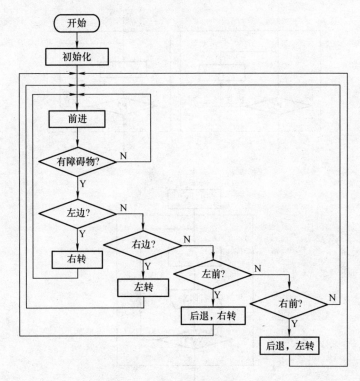

图 6-4　机器人避障程序流程图

6.2.2　流程图编程环境

　　MT-U 智能机器人的流程图编程环境是一个专门为计算机语言的初学者设计的练习环境，用户可以在这个编程环境中设计并编写自己的流程图。

1. C 语言标准基本结构流程图表示形式

（1）顺序结构　C 语言标准顺序结构示意图如图 6-5 所示。

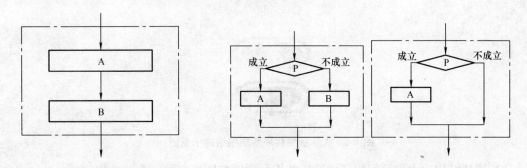

图 6-5　C 语言标准顺序结构示意图　　　　图 6-6　C 语言标准选择结构的两种示意图

　　（2）选择结构　C 语言标准选择结构的两种示意图如图 6-6 所示。

　　（3）循环结构　C 语言标准循环结构的三种示意图如图 6-7 所示。

三种基本结构的共同特点：

1）只有一个入口。

2）只有一个出口。

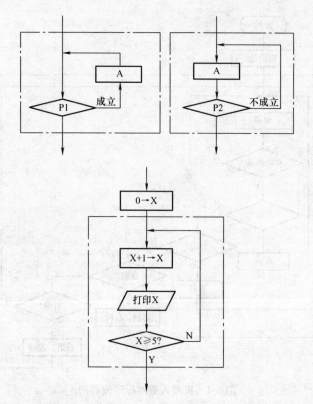

图 6-7　C语言标准循环结构的三种示意图

3）结构内的每一部分都有机会被执行到。

4）结构内不存在"死循环"。

2. 大学版编程环境基本结构

（1）顺序结构　大学版编程环境顺序结构示意图如图 6-8 所示。

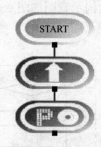

图 6-8　大学版编程环境顺序结构示意图

（2）选择结构　大学版编程环境选择结构示意图如图 6-9 所示。

（3）循环结构　大学版编程环境循环结构示意图如图 6-10 所示。

现在在流程图编程环境实现图 6-4 中左边和右边的传感器检测到障碍物时机器人的动作。实现的流程图如图 6-11 所示。

在流程图的编写过程中，用户可以直接从界面的右端看到相应的 C 语句，如图 6-12 所示。

由上述编写过程可知，流程图在程序设计中所起到的作用就是整个程序的骨架，完成程序的过程就是在流程图的基础上充实具体细节的过程。

图 6-9　大学版编程环境选择结构示意图

for循环结构　　　　　　　　　　　　while循环结构

图 6-10　大学版编程环境循环结构示意图

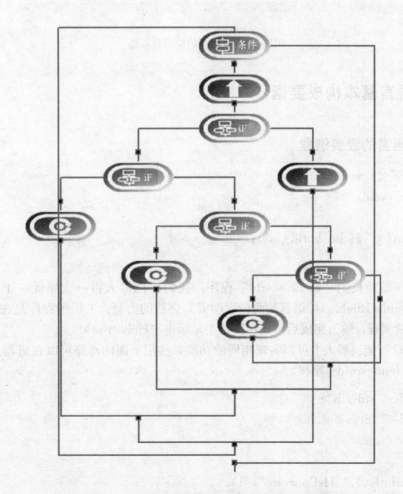

图 6-11　流程图编程环境机器人的动作流程图

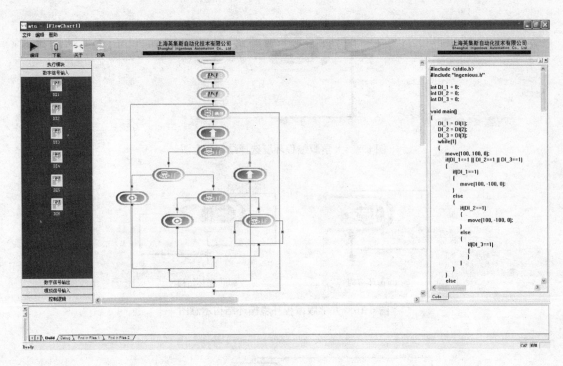

图 6-12　流程图的编写过程图

6.3　C 语言基本构成要素

6.3.1　C 语言的经典例程

```
#include <stdio. h>
int main (void)
{
    printf (" Hello world \ n");
}
```

这段程序是经典的 "Hello world" 程序，我们用机器人再一次感受一下 Brian Kernighan 和 Dennis Ritchie（C 语言的两位发明者）创建的力量。上面的程序是在 PC 上使用时的经典试验例程，输入完成后可以在屏幕上显示出 "Hello world"。

在 MT-U 智能机器人上可以实现相同的功能，使用下面的程序可以在机器人的显示屏幕上看到 "Hello world" 字样。

```
#include <stdio. h>
#include " ingenious. h"
int main (void)
{
    Mprintf (1," Hello world", 1);
}
```

6.3.2　C 语言的数据类型

先看下面例程，在程序中定义了整型变量。

```
#include <stdio.h>
#include "ingenious.h"
int vel0=0;
int vel1=0;
int vel2=0;
void main ()
{
    while (1)
    {
        move (200, 200, 0);
        vel1=photo_count (1, 2000);
        vel2=photo_count (2, 2000);
        Mprintf (3," lv=%d", vel1),
        Mprintf (5," rv=%d", vel2);
        sleep (50);
        Clr_Screen ();
    }
}
```

在上例程中，定义了用关键词 int 修饰的值 vel0、vel1、vel2，在 C 语言中这些值被称为变量。在 C 语言中使用的变量都应该预先加以定义，即先定义，后使用。对变量的定义可以包括三个方面：数据类型、存储类型、作用域。

在本小节中，我们只介绍数据类型。所谓数据类型是按被定义变量的性质、表示形式、占据存储空间的多少、构造特点来划分的。在 C 语言中，数据类型可分为基本数据类型、构造数据类型、指针类型、空类型四大类，如图 6-13 所示。

1. 基本数据类型

基本数据类型最主要的特点是，其值不可以再分解为其他类型。也就是说，基本数据类型是自我说明的。

2. 构造数据类型

构造数据类型是根据已定义的一个或多个数据类型用构造的方法来定义的。也就是说，一个构造类型的值可以分解成若干个"成员"或"元素"，每个"成员"都是一个基本数据类型的数据或又一个构造数据类型的数据。在 C 语言中，构造类型有以下几种：数组类型、结构体类型、共用体（联合）类型。

3. 指针类型

指针是一种特殊的、同时又是具有重要作用的数据类型，其值

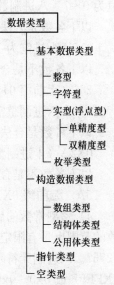

图 6-13　C 语言数据
类型分类

用来表示某个变量在内存储器中的地址。虽然指针变量的取值类似于整型量，但这是两个类型完全不同的量，因此不能混为一谈。

4. 空类型

在调用函数值时，通常应向调用者返回一个函数值。这个返回的函数值是具有一定的数据类型的，应在函数定义及函数说明中给予说明。例如，在本书 6.4.6 节"知识点"这部分内容的例题中给出了 max 函数的定义，函数头为"int max（int a，int b）;"，其中"int"类型说明符即表示该函数的返回值为整型量。又如在例题中，使用了库函数 sin，由于系统规定其函数返回值为双精度浮点型，因此在赋值语句"s＝sin（x）;"中，s 也必须是双精度浮点型，以便与 sin 函数的返回值一致。所以在说明部分，把 s 说明为双精度浮点型。但是，也有一类函数，调用后并不需要向调用者返回函数值，这种函数可以定义为"空类型"，其类型说明符为 void，在后面函数中还要详细介绍。

在下面的章节中，我们先介绍基本数据类型中的整型、浮点型和字符型。其余类型在以后各小节中陆续介绍。

6.3.3　整型数据

整型常量就是整常数。在 C 语言中，使用的整常数有八进制、十六进制和十进制三种。

1）十进制整常数：十进制整常数没有前缀，其数码为 0～9。

以下各数是合法的十进制整常数：

237、－568、65535、1627；

以下各数不是合法的十进制整常数：

023（不能有前导 0）、23D（含有非十进制数码）。

在程序中是根据前缀来区分各种进制数的，因此在书写常数时不要把前缀弄错造成结果不正确。

2）八进制整常数：八进制整常数必须以 0 开头，即以 0 作为八进制数的前缀，数码取值为 0～7。八进制数通常是无符号数。

以下各数是合法的八进制数：

015（十进制为 13）、0101（十进制为 65）、0177777（十进制为 65535）；

以下各数不是合法的八进制数：

256（无前缀 0）、03A2（包含了非八进制数码）、－0127（出现了负号）。

3）十六进制整常数：十六进制整常数的前缀为 0X 或 0x，其数码取值为 0～9、A～F。

以下各数是合法的十六进制整常数：

0X2A（十进制为 42）、0XA0（十进制为 160）、0XFFFF（十进制为 65535）；

以下各数不是合法的十六进制整常数：

5A（无前缀 0X）、0X3H（含有非十六进制数码）。

4）整型常数的后缀：在 16 位字长的机器上，基本整型的长度也为 16 位，因此表示的数的范围也是有限定的。十进制无符号整常数的范围为 0～65535，有符号数为－32768～＋32767。八进制无符号数的表示范围为 0～0177777。十六进制无符号数的表示范围为 0X0～0XFFFF 或 0x0～0xFFFF。如果使用的数超过了上述范围，就必须用长整型数来表示。长整型数是用后缀"L"或"l"来表示的。

例如：

十进制长整常数：

158L（十进制为 158）、358000L（十进制为 358000）；

八进制长整常数：

012L（十进制为 10）、077L（十进制为 63）、0200000L（十进制为 65536）；

十六进制长整常数：

0X15L（十进制为 21）、0XA5L（十进制为 165）、0X10000L（十进制为 65536）。

长整数 158L 和基本整常数 158 在数值上并无区别。但对 158L，因为是长整型量，C 编译系统将为它分配 4 个字节存储空间。而对 158，因为是基本整型，只分配 2 个字节的存储空间。因此在运算和输出格式上要予以注意，避免出错。

无符号数也可用后缀表示，整型常数的无符号数的后缀为"U"或"u"。

例如：358u、0x38Au、235Lu 均为无符号数。

前缀、后缀可同时使用以表示各种类型的数。如 0XA5Lu 表示十六进制无符号长整数 A5，其十进制为 165。

1. 整型数据变量

（1）整型数据在内存中的存放形式　如果定义了一个整型变量 i：

int i；

i＝10；

i 在内存中的值为 10，表示为 0 0 0 0 0 0 0 0 0 0 0 0 1 0 1 0。

数值是以补码表示的：

1）正数的补码：和原码相同；

2）负数的补码：将该数的绝对值的二进制形式按位取反再加 1。

例如：求－10 的补码。

10 的原码：0 0 0 0 0 0 0 0 0 0 0 0 1 0 1 0

取反：1 1 1 1 1 1 1 1 1 1 1 1 0 1 0 1

再加 1，得－10 的补码：1 1 1 1 1 1 1 1 1 1 1 1 0 1 1 0

由此可知，左面的第一位是表示符号的。

（2）整型变量的分类

1）基本型：类型说明符为 int，在内存中占 2 个字节。

2）短整型：类型说明符为 short int 或 short，所占字节和取值范围均与基本型相同。

3）长整型：类型说明符为 long int 或 long，在内存中占 4 个字节。

4）无符号型：类型说明符为 unsigned。

无符号型又可与上述三种类型匹配而构成。

无符号基本型：类型说明符为 unsigned int 或 unsigned。

无符号短整型：类型说明符为 unsigned short。

无符号长整型：类型说明符为 unsigned long。

各种无符号类型量所占的内存空间字节数与相应的有符号类型量相同。但由于省去了符号位，故不能表示负数。

有符号整型变量：最大表示 32767（0 1 1 1 1 1 1 1 1 1 1 1 1 1 1 1）；无符号整型变量：最大表示 65535（1 1 1 1 1 1 1 1 1 1 1 1 1 1 1 1）。

（3）整型变量的定义　变量定义的一般形式如下：

类型说明符　变量名标识符，变量名标识符，…；

例如：

int a，b，c；（a、b、c 为整型变量）

long x，y；（x、y 为长整型变量）

unsigned p，q；（p、q 为无符号整型变量）

在书写变量定义时，应注意以下几点：

1）允许在一个类型说明符后定义多个相同类型的变量，各变量名之间用逗号间隔，类型说明符与变量名之间至少用一个空格间隔。

2）最后一个变量名之后必须以";"号结尾。

3）变量定义必须放在变量使用之前，一般放在函数体的开头部分。

例：整型变量的定义与使用。

```
main ()
{
    int a，b，c，d;
    unsigned u;
    a=12;
    b=-24;
    u=10;
    c=a+u;
    d=b+u;
    printf ("a+u=%d, b+u=%d\n", c, d);
}
```

（4）整型数据的溢出

例：整型数据的溢出。

```
main ()
{
    int a，b;
    a=32767;
    b=a+1;
    printf ("%d,%d\n", a, b);
}
```

以上程序的运行结果如下：

32767：0 1 1 1 1 1 1 1 1 1 1 1 1 1 1 1

-32768：1 0 0 0 0 0 0 0 0 0 0 0 0 0 0 0

例：

```
main ()
{
    long x，y;
```

```
    int a, b, c, d;
    x=5;
    y=6;
    a=7;
    b=8;
    c=x+a;
    d=y+b;
    printf（ "c=x+a=%d, d=y+b=%d \ n", c, d);
}
```

从程序中可以看到：x、y 是长整型变量，a、b 是基本整型变量。它们之间允许进行运算，运算结果为长整型。但 c、d 被定义为基本整型，因此最后结果为基本整型。本例说明，不同类型的量可以参与运算并相互赋值。其中的类型转换是由编译系统自动完成的，有关类型转换的规则将在以后介绍。

6.3.4　实型数据

实型也称为浮点型。实型常量也称为实数或者浮点数。在 C 语言中，实数只采用十进制。它有两种形式：十进制小数形式、指数形式。

1）十进制数形式：由数码 0～9 和小数点组成。

例如：0.0、25.0、5.789、0.13、5.0、300.、-267.8230 等均为合法的实数。注意，必须有小数点。

2）指数形式：由十进制数加阶码标志"e"或"E"以及阶码（只能为整数，可以带符号）组成。其一般形式为：a E n（a 为十进制数，n 为十进制整数），其值为 $a*10^n$。

例如：以下是合法的实数：

2.1E5（等于 $2.1*10^5$）、3.7E-2（等于 $3.7*10^{-2}$）、0.5E7（等于 $0.5*10^7$）、-2.8E-2（等于 $-2.8*10^{-2}$）；

以下不是合法的实数：

345（无小数点）、E7（阶码标志 E 之前无数字）、-5（无阶码标志）、53.-E3（负号位置不对）、2.7E（无阶码）。

标准 C 允许浮点数使用后缀，后缀为"f"或"F"即表示该数为浮点数，如 356f 和 356. 是等价的。

下面例子说明了这种情况。

```
main ()
{
    printf （"%f \ n", 356.);
    printf （"%f \ n", 356.);
    printf （"%f \ n", 356f);
}
```

1. 实型变量

（1）实型数据在内存中的存放形式　实型数据一般占 4 个字节（32 位）内存空间，按指数形式存储。例如，实数 3.14159 在内存中的存放形式如下：

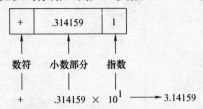

这里是用十进制数来示意的，实际上在计算机中是用二进制数来表示小数部分以及用 2 的幂次来表示指数部分的。

小数部分占的位（bit）数越多，数的有效数字越多，精度越高；指数部分占的位数越多，则能表示的数值范围越大。

（2）实型变量的分类　实型变量分为单精度（float 型）、双精度（double 型）和长双精度（long double 型）三类。在 Turbo C 中单精度型占 4 个字节（32 位）内存空间，其数值范围为 3.4E-38～3.4E+38，只能提供七位有效数字。双精度型占 8 个字节（64 位）内存空间，其数值范围为 1.7E-308～1.7E+308，可提供 16 位有效数字。三种实型变量的比较见表 6-1。

表 6-1　三种实型变量的比较

类型说明符	比特数（字节数）	有效数字	数的范围
float	32（4）	6～7	$-3.4 \times 10^{-38} \sim 3.4 \times 10^{38}$
double	64（8）	15～16	$-1.4 \times 10^{-308} \sim 1.7 \times 10^{308}$
long double	128（16）	18～19	$-1.2 \times 10^{-4932} \sim 1.2 \times 10^{4932}$

ANSI C 并未具体规定每种类型数据的长度、精度和数值范围。有的系统将 double 型所增加的 32 位全用于存放小数部分，这样可以增加数值的有效位数，减少舍入误差。有的系统则将所增加位（bit）的一部分用于存放指数部分，这样可以扩大数值的范围。上面列出的是 Turbo C、Turbo C++ 6.0、MS C 的情况，不同的系统会有差异。

实型变量定义的格式和书写规则与整型变量相同。

例如：

float x，y；（x、y 为单精度实型变量）

double a，b，c；（a、b、c 为双精度实型变量）

（3）实型数据的舍入误差　由于实型变量是由有限的存储单元组成的，因此能提供的有效数字总是有限的，比如下例。

例：实型数据的舍入误差。

```
main ()
{
    float a, b;
    a=123456.789e5;
    b=a+20;
    printf ("%f \ n", a);
    printf ("%f \ n", b);
}
```

注意：1.0/3 * 3 的结果并不等于 1。

例：

```
main ()
{
    float a;
    double b;
    a=33333.33333;
    b=33333.33333333333333;
    printf ("%f\n%f\n", a, b);
}
```

从本例可以看出，由于 a 是单精度浮点型，有效位数只有 7 位。而整数已占 5 位，故小数 2 位之后均为无效数字。b 是双精度型，有效位为 16 位。但 Turbo C 规定小数后最多保留 6 位，其余部分四舍五入。

6.3.5　常量与变量

对于基本数据类型量，按其取值是否可改变又分为常量和变量两种。在程序执行过程中，其值不发生改变的量称为常量，其值可变的量称为变量。它们可与数据类型结合起来分类，例如，可分为整型常量、整型变量、浮点常量、浮点变量、字符常量、字符变量、枚举常量、枚举变量。在程序中，常量是可以不经说明而直接引用的，而变量则必须先定义后使用。整型量包括整型常量、整型变量。

1. 常量和符号常量

在程序执行过程中，其值不发生改变的量称为常量，分为以下三种。

（1）直接常量（字面常量）

1）整型常量：如 12、0、-3；

2）实型常量：如 4.6、-1.23；

3）字符常量：如 'a'、'b'。

（2）标识符　用来标识变量名、符号常量名、函数名、数组名、类型名、文件名的有效字符序列。

（3）符号常量　用标识符代表一个常量。在 C 语言中，可以用一个标识符来表示一个常量，称之为符号常量。

符号常量在使用之前必须先定义，其一般形式为：

#define 标识符常量

其中#define 也是一条预处理命令（预处理命令都以"#"开头），称为宏定义命令（在后面的预处理程序中将进一步介绍），其功能是把该标识符定义为其后的常量值。一经定义，以后在程序中所有出现该标识符的地方均代之以该常量值。

习惯上符号常量的标识符用大写字母，变量标识符用小写字母，以示区别。

下面给出一个例程说明符号常量的使用方法。

```
#include <stdio.h>
#include "ingenious.h"
```

```
int num＝300；
void main ()
{
    while (1)
    {
        move (num, 200, 0);
        sleep (50);
        Clr _ Screen ();
    }
}
```

以上例程中 num 一经定义，以后在程序中就代表了数值 300。

2. 变量

其值可以改变的量称为变量。一个变量应该有一个名字，在内存中占据一定的存储单元。变量定义必须放在变量使用之前，一般放在函数体的开头部分。要区分变量名和变量值是两个不同的概念。

6.3.6　算术运算符和算术表达式

C 语言中的运算符和表达式数量之多，在高级语言中是少见的。正是丰富的运算符和表达式使 C 语言功能十分完善，这也是 C 语言的主要特点之一。

C 语言的运算符不仅具有不同的优先级，而且还有一个特点，就是它的结合性。在表达式中，各运算量参与运算的先后顺序不仅要遵守运算符优先级别的规定，还要受运算符结合性的制约，以便确定是自左向右进行运算还是自右向左进行运算。这种结合性是其他高级语言的运算符所没有的，因此也增加了 C 语言的复杂性。

1. C 运算符简介

C 语言的运算符可分为以下几类：

（1）算术运算符　算术运算符用于各类数值运算，包括加（＋）、减（－）、乘（＊）、除（/）、求余（或称模运算,％）、自增（＋＋）、自减（－－）共七种。

（2）关系运算符　关系运算符用于比较运算，包括大于（＞）、小于（＜）、等于（＝＝）、大于等于（＞＝）、小于等于（＜＝）和不等于（! ＝）六种。

（3）逻辑运算符　逻辑运算符用于逻辑运算，包括与（＆＆）、或（｜｜）、非（!）三种。

（4）位操作运算符　参与运算的量，按二进制位进行运算，包括位与（＆）、位或（｜）、位非（～）、位异或（A）、左移（＜＜）、右移（＞＞）六种。

（5）赋值运算符　赋值运算符用于赋值运算，分为简单赋值（＝）、复合算术赋值（＋＝、－＝、＊＝、/＝,％＝）和复合位运算赋值（＆＝、! ＝、^＝、＞＞＝、＜＜＝）三类共十一种。

（6）条件运算符　条件运算符（?:）是一个三目运算符，用于条件求值。

（7）逗号运算符　逗号运算符（,）用于把若干表达式组合成一个表达式。

（8）指针运算符　指针运算符用于取内容（＊）和取地址（＆）两种运算。

（9）求字节数运算符　求字节数运算符（sizeof）用于计算数据类型所占的字节数。

（10）特殊运算符　特殊运算符有括号（）、下标 []、成员（→、．）等几种。

2. 算术运算符和算术表达式

（1）基本的算术运算符

1）加法运算符"＋"：加法运算符为双目运算符，即应有两个量参与加法运算，如 a＋b、4＋8 等，具有右结合性。

2）减法运算符"－"：减法运算符为双目运算符，但"－"也可作负值运算符，此时为单目运算，如－x、－5 等，具有左结合性。

3）乘法运算符"＊"：双目运算，具有左结合性。

4）除法运算符"/"：双目运算，具有左结合性。参与运算的量均为整型时，结果也为整型，舍去小数。如果运算量中有一个是实型，则结果为双精度实型。

以下为除法运算的程序实例。

```
#include <stdio. h>
#include " ingenious. h"
void main ()
{
    while (1)
    {
        sleep (50);
        Clr _ Screen ();
        Mprintf (7," TEST＝%d", 100%3);
        Mprintf (7," TEST＝%d", 20.0/7);
    }
}
```

（2）算术表达式、运算符的优先级和结合性　表达式是由常量、变量、函数和运算符组合起来的式子。一个表达式有一个值及其类型，它们等于计算表达式所得结果的值和类型，表达式求值按运算符的优先级和结合性规定的顺序进行。单个的常量、变量、函数可以看作是表达式的特例。

算术表达式是由算术运算符和括号连接起来的式子。

1）算术表达式：用算术运算符和括号将运算对象（也称操作数）连接起来的、符合 C 语法规则的式子。

以下是算术表达式的例子：

a＋b

(a＊2) /c

(x＋r) ＊8－ (a＋b) /7

＋＋I

sin (x) ＋sin (y)

(＋＋i) － (j＋＋) ＋ (k－－)

2）运算符的优先级：C 语言中，运算符的运算优先级共分为 15 级。1 级最高，15 级最低。在表达式中，优先级较高的先于优先级较低的进行运算。而在一个运算量两侧的运算符优先级相同时，则按运算符的结合性所规定的结合方向处理。

3）运算符的结合性：C 语言中各运算符的结合性分为两种，即左结合性（自左至右）和右结合性（自右至左）。例如算术运算符的结合性是自左至右，即先左后右。如有表达式 x—y+z，则 y 应先与"—"号结合，执行 x—y 运算，然后再执行＋z 的运算。这种自左至右的结合方向就称为"左结合性"，而自右至左的结合方向称为"右结合性"。最典型的右结合性运算符是赋值运算符，如 x=y=z，由于"＝"的右结合性，应先执行 y=z 再执行 x=（y=z）运算。C 语言运算符中有不少为右结合性，应注意区别，以避免理解错误。

（3）强制类型转换运算符　其一般形式为　　　　　　（类型说明符）（表达式）

其功能是把表达式的运算结果强制转换成类型说明符所表示的类型。

例如：

（float）a　把 a 转换为实型

（int）（x+y）　　把 x+y 的结果转换为整型

（4）自增、自减运算符　自增 1、自减 1 运算符：自增 1 运算符记为"＋＋"，其功能是使变量的值自增 1。自减 1 运算符记为"——"，其功能是使变量的值自减 1。

自增 1、自减 1 运算符均为单目运算，都具有右结合性，可有以下几种形式：

＋＋i　　　i 自增 1 后再参与其他运算

——i　　　i 自减 1 后再参与其他运算

i＋＋　　　i 参与运算后，i 的值再自增 1

i——　　　i 参与运算后，i 的值再自减 1

一个使用自增、自减运算符的程序实例如下：

```
#include <stdio. h>
#include " ingenious. h"
int i;
void main ()
{
    while (1)
    {
        sleep (50);
        Clr _ Screen ();
        Mprintf (7," TEST=%d", i++);
        Mprintf (7," TEST=%d", 20.0/7);
    }
}
```

在理解和使用上容易出错的是 i＋＋和 i——。特别是当它们出现在较复杂的表达式或语句中时，常常难以理解，因此应仔细分析。

6.3.7　关系和逻辑运算符

1. 关系运算符和表达式

在程序中经常需要比较两个量的大小关系，以决定程序下一步的工作。比较两个量的运算符称为关系运算符。

2. 关系运算符及其优先次序

在 C 语言中有以下关系运算符：

＜　　　小于

＜＝　　小于或等于

＞　　　大于

＞＝　　大于或等于

＝＝　　等于

！＝　　不等于

关系运算符都是双目运算符，其结合性均为左结合。关系运算符的优先级低于算术运算符，高于赋值运算符。在六个关系运算符中，＜、＜＝、＞、＞＝的优先级相同，高于＝＝和！＝，＝＝和！＝的优先级相同。

3. 关系表达式

关系表达式的一般形式为：

表达式　　　关系运算符　　　表达式

例如：a＋b＞c－d，x＞3/2，'a'＋1＜c，−i−5＊j＝＝k＋1。

这些都是合法的关系表达式。由于表达式也可以又是关系表达式，因此也允许出现嵌套的情况。

例如：a＞（b＞c），a！＝（c＝＝d）等。

关系表达式的值是"真"和"假"，用"1"和"0"表示。

例如：5＞0 的值为"真"，即为 1。

（a＝3）＞（b＝5）由于 3＞5 不成立，故其值为"假"，即为 0。

4. 逻辑运算符和表达式

C 语言中提供了三种逻辑运算符：

＆＆　　与运算

｜｜　　或运算

！　　　非运算

与运算符＆＆ 和或运算符｜｜均为双目运算符具有左结合性。非运算符！为单目运算符，具有右结合性。逻辑运算符和其他运算符优先级的关系如图 6-14 所示。

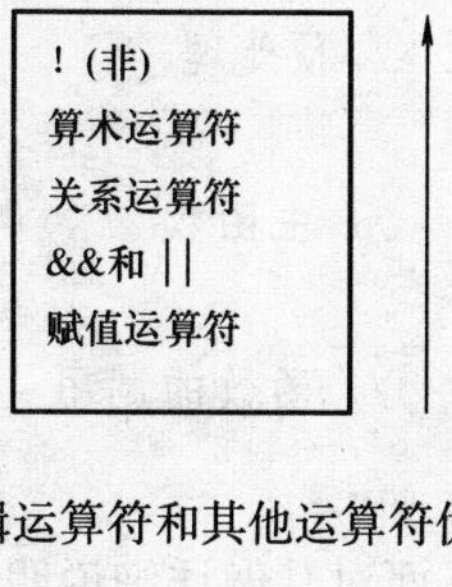

```
┌─────────────┐   ↑
│ ！(非)       │   │
│ 算术运算符    │   │
│ 关系运算符    │   │
│ ＆＆和 ｜｜    │   │
│ 赋值运算符    │   │
└─────────────┘
```

图 6-14　逻辑运算符和其他运算符优先级的关系

！（非）运算符高于＆＆（与）运算符和｜｜（或）运算符，"＆＆"和"｜｜"低于关系运算符，"！"高于算术运算符。

按照运算符的优先顺序可以得出：

a>b && c>d	等价于	(a>b) && (c>d)
! b==c ‖ d<a	等价于	((! b) ==c) ‖ (d<a)
a+b>c&&x+y<b	等价于	((a+b) >c) && ((x+y) <b)

6.4　C语言的基本应用

6.4.1　基本C语言程序

1. 学习目标

1) 认识C语言基本程序结构；

2) 掌握简单的预处理命令；

3) 理解主函数与子函数的关系；

4) 了解函数的简单调用；

5) 认识C语言的应用。

2. 任务

1) 掌握机器人向前直线运动的原理。

2) 用C语言代码实现机器人的直线运动。

3. 实验步骤

使用流程图编程环境得到的流程图如图6-15所示。

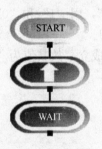

图6-15　流程图

将以下代码输入计算机，经过编译后下载到机器人中，然后开始运行，机器人就向前直线运动了。

```
#include <stdio. h>          //预处理
#include " ingenious. h"
void main ()                // 主函数
{
    move (100，100，0);      // 函数的调用
}
```

为了帮助读者理解这段程序，下面对其做详细说明。

（1）预处理命令　预处理命令是一个程序的开始，是对程序的预先处理，通过预先处理可以改进程序设计环境，提高编程效率。

C提供的预处理有三种形式：

1) 宏定义：分为 ♯define 标识符字符串（不带参数）和 ♯define 宏名（参数表）字符串（带参数）。

2) 文件包含：♯include" 文件名" 或 ♯include〈文件名〉。其意义是把引号"" 或尖括号<>内指定的文件包含到本程序中，成为本程序的一部分，继承前人的智慧。被包含的文件通常是由系统提供的，其扩展名为 . h。

3) 条件编译：有三种形式，暂时不详细介绍。

预处理是一个程序的起点，例程中第一行程序是文件包含，可以使用 ♯ include<stdio. h>或 ♯include " stdio. h" 语句。第二行也是文件包含，下面详细对这两行程序进行说明：

stdio. h 是头文件，C 语言的头文件中包括了各个标准库函数的函数原型。因此，凡是在程序中调用一个库函数时，都必须包含该函数原型所在的头文件，其中包括了各个标准库函数的函数原型。stdio 为 standard input output 的缩写，意为 "标准输入输出"。

ingenious. h 文件是英集斯的工程师针对机器人提供的 ingenious. h 文件，机器人基本动作的函数都包含在这个文件里。

（2）主函数　每个程序里都必须有一个主函数，它可以调用多个子函数，使各个程序成为一个完整的程序，子函数可以在主函数外部定义，通过函数调用完成子函数的功能。可以这样打一个比方，主函数就好像主板，是一个大体的框架，子函数就好像显卡、声卡、网卡、CPU 等，它们功能各不相同，但都要通过主板才能发挥作用。主函数的具体形式如下：

```
void main ()
{
    ...
}
```

（3）函数　一个较大的程序一般应分为若干个程序模块，每个模块实现一个特定的功能。所有高级语言都有子程序这一概念，用子程序实现模块功能。在 C 语言中，子程序的作用是由函数完成的。

函数调用的一般形式：函数名（实参表列）。

move（100，100，0）；就是调用了 ingenious. h 文件的函数命令，里面的（100，100，0）用于提供相对速度的大小，分别是三个轮子的速度控制，可以修改一下这三个值试试。

（4）小结　通过以上调试我们已经了解了 C 语言的基本结构，并通过 C 语言使机器人完成了基本的运动。本程序也可以用 mtu 软件通过 Flowchart 流程图编程，下面我们将逐步展开 C 语言的学习。

6.4.2　顺序程序设计

本小节通过一个实验学习顺序程序的编写方法。

1. 学习目标
1) 掌握计算机如何处理程序；
2) 掌握程序的顺序程序设计；
3) 掌握流程图的常用符号及简单表示方法；
4) 初步认识 C 语言的应用。

2. 任务

让机器人变换方向，使机器人分以下几步完成动作执行任务：

1）直线运动；

2）改变方向；

3）直线运动；

4）停止。

3. 实验步骤

在完成这个任务之前，先分析一下，计划好机器人的动作，现在我们要告诉机器人按顺序做什么，通过编程实现。

1）先画出程序流程图，如图 6-16 所示。

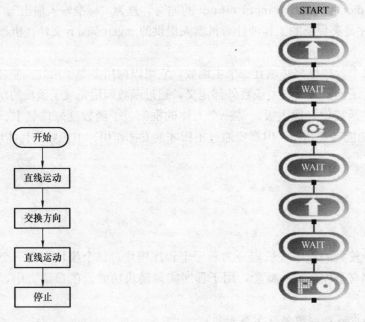

图 6-16　程序流程图　　　　图 6-17　在流程图编程环境所编写的程序流程图

看到这个流程图，我们对任务就会一目了然。机器人是按照上面的流程一步一步来完成任务的，在程序中按先后顺序依次执行。

2）在流程图编程环境中编写出图 6-17 所示的程序流程图。

3）现在将流程图写成 C 语言程序。

```c
# include <stdio. h>
# include " ingenious. h"
void main ()                 // 开始
{
    move (100, 100, 0);      //直线运动
    sleep (5000);
    move (100, -100, 0);     // 变换方向
    sleep (5000);
```

```
    move（100，100，0）;        // 直线运动
    sleep（5000）;
    stop（）;                    // 停止
}
```

将以上代码输入到 code 编译区进行调试并执行，机器人就会完成上述任务。

4. 知识点

计算机默认为每一个分号之前都是一条指令，在主函数内就是主函数最外框的"{""}"里面，从上向下按顺序执行，读取指令速度很快。另外，每条指令需要分行写，这是一个很好的编程习惯。

（1）move（）函数和 sleep（）函数的意义　这两个函数都是 ingenious. h 文件提供的，"void move（X，Y，Z）;"中，X、Y 同时设定两台电动机的速度，Z 用于扩展时使用。sleep（X）表示延时等于或稍大于指定的 X 时间（毫秒）后再执行后面的语句。

（2）按顺序分析这段程序　当计算机运行第一行 move（）函数时，瞬间就会运行第二行的 sleep（）函数，我们设定了计算机 5000ms 后执行下面的命令。于是计算机执行器会在延时 5000ms 后执行第 3 行的 move（）命令，然后在瞬间读取第 4 行的 sleep（）函数，如此反复直到运行完最后一行程序。

5. 思考

当我们把程序改成以下形式时，为什么机器人只是抖动一下或者不动？

```
#include ＜stdio. h＞
#include " ingenious. h"
void main（）                    //开始
{
    move（100，100，0）;        //直线运动
    move（100，-100，0）;       //变换方向
    move（100，100，0）;        //直线运动
    stop（）;                    //停止
}
```

这是因为现代机器人的计算机处理指令是很快的，如果没有 sleep（）函数给予其延迟的时间，计算机瞬间就会处理完这四条指令。

6. 总结

通过这一小节的学习，我们了解了程序设计中最基本的算法——顺序结构算法，加深了对流程图及机器人运动的理解。

7. 练习

利用以上知识让机器人走出各种形状，如 V 形、正方形等。

6.4.3　循环控制设计

上一小节我们学会了顺序程序设计，这一小节介绍循环程序设计，在许多问题中都需要用到循环程序设计，例如让机器人反复做同一件事。下面通过两个实验来学习循环控制程序的编写方法。

实验 1　让机器人反复变向

1. 学习目标
1）掌握循环结构中 while 语句的使用；
2）掌握变量的概念；
3）掌握常量的使用。

2. 任务

机器人反复变向，做前进和变向两个动作。

3. 实验步骤

1）在完成这个任务之前，先分析一下，计划好机器人的动作，现在我们要告诉机器人按顺序做什么，通过编程实现。首先画出计划的流程图，如图 6-18 所示。

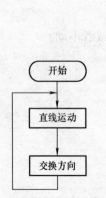

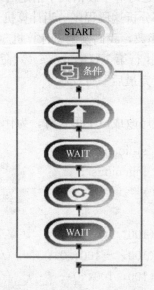

图 6-18　流程图　　　　　　图 6-19　在流程图编程环境所编写的程序流程图

机器人是按照上面的流程一步一步来完成任务的。在程序中按先后顺序依次执行，并总是回到起点，反复执行。

2）在流程图编程环境中编写出图 6-19 所示的程序流程图。

3）现在将流程图写成 C 语言程序。

```c
#include <stdio.h>
#include "ingenious.h"
void main ()
{
    while (1)
    {
        move (100, 100, 0);
        sleep (5000);
        move (100, -100, 0);
```

```
        sleep （5000）；
    }
}
```

4. 知识点

（1）循环结构　循环结构是结构化程序设计的最基本的结构之一。

1）用 goto 语句和 if 语句构成循环；

2）用 while 语句构成循环；

3）用 do-while 语句构成循环；

4）用 for 语句构成循环。

（2）循环的嵌套　一个循环体内又包含另一个完整的循环结构，称为循环的嵌套。

（3）break 语句和 continue 语句

1）break 语句终止整个循环；

2）continue 语句结束本次循环。

（4）数据的基本类型　整型 int、字符型 char、实型 float。

（5）赋值运算和赋值表达式　例如：i=2，于是变量 i 就被赋予 2 这个值。

（6）自增、自减运算符　例如，执行 i++ 和 i=i+1 意义是一样的。

5. 分析

while（表达式）{语句}，表达式为非 0 的时候执行语句，注意符号的使用。

6. 思考

利用 goto 语句、do-while 语句、for 语句实现以上功能，注意它们的区别，可参考以下程序。

（1）goto 语句

```c
#include <stdio. h>
#include " ingenious. h"
void main ()
{
    loop：move (100, 100, 0);
    sleep (5000);
    move (100, -100, 0);
    sleep (5000);
    goto loop;
}
```

（2）do-while 语句

```c
#include <stdio. h>
#include " ingenious. h"
void main ()
{
        do
    {
```

```
        move (100，100，0);
        sleep (5000);
        move (100，—100，0);
        sleep (5000);
    }
    while (1);
}
```

（3）for 语句

```
#include <stdio. h>
#include " ingenious. h"
void main ()
{
    for (；1；)
    {
        move (100，100，0);
        sleep (5000);
        move (100，—100，0);
        sleep (5000);
    }
    stop ();
}
```

实验 2　让机器人加速前进

1. 学习目标

1）掌握循环结构中 for 语句的使用；

2）掌握变量的概念；

3）掌握常量的使用；

2. 任务

机器人加速前进。

3. 实验步骤

1）先分析一下，计划好机器人的动作，现在我们要告诉机器人按顺序做什么，通过编程实现。首先画出计划的流程图，如图 6-20 所示。

2）现在将流程图写成 C 语言程序。

```
#include <stdio. h>
#include " ingenious. h"
void main ()
{
    int i，j;                    //初始化
```

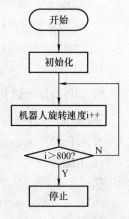

图 6-20　流程图

```
for (i=200; i<800; i++)        //进入循环
{
    j=i;
    move (i, j, 0);
    sleep (50);
}
stop ();                        //停止
}
```

4. 分析

这次实验用到了 for 语句、变量、常量等知识的使用，完成了机器人加速前进。

5. 思考

如何利用 for 语句让机器人减速前进呢？可参考以下程序：

```
#include <stdio. h>
#include " ingenious. h"
void main ()
{
    int i, j;
    for (i=800; i>200; i--)
    {
        j=i;
        move (i, j, 0);
        sleep (50);
    }
    stop ();
}
```

6.4.4　选择结构设计

　　通过前几小节的学习，我们已经让机器人会做各种动作了，但是有时机器人也需要会判断周围的环境从而做出不同的动作，这一小节我们就教会机器人面对不同情况有选择地做动作，让机器人具有判断能力，通过接触机器人不同的部位，而让机器人做不同的运动，并向大家讲解程序设计当中的选择结构设计、变量的概念和使用等知识。下面通过实验，学习选择结构程序的编写方法。

实验　让机器人避障

1. 学习目标

1) 掌握选择结构程序设计；

2) 掌握变量的概念；

3) 掌握常量的使用；

4) 了解 ingenious 机器人的工作原理；

5）了解传感器的知识。

2. 任务

前方无碰撞，向前行走；有碰撞，向后退，延时，然后继续向前行走。

3. 实验步骤

1）分析任务，先画出计划的流程图，如图 6-21 所示。

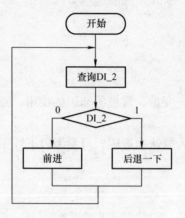

图 6-21　流程图

2）用 C 语言实现图 6-21 给出的流程图。

```c
#include <stdio. h>
#include " ingenious. h"
int DI _ 2 = 0;
void main ()
{
    while (1)
    {
        DI _ 2 = DI (2);
        if (DI _ 2)
        {
            move (100, 100, 0);
        }
        else
        {
            move (100, 100, 0);
            sleep (5000);
        }
    }
}
```

4. 知识点

（1）关系运算符和关系表达式　关系运算是逻辑运算中比较简单的一种，所谓"关系运算"实际上就是"比较运算"，将两个值进行比较，判断其比较结果是否符合给定的条件，也就是判断是真与假的运算，例如 2>1 是真的，但是 2<1 是假的。

（2）逻辑运算符和逻辑表达式　用逻辑运算符将关系表达式或逻辑量联系起来的式子就是逻辑表达式，也就是通常所说的"与、或、非"三种逻辑关系。

（3）if 语句　if 语句有三种形式：

1）if（表达式）　语句。

2）if（表达式）　语句 1　else　语句 2。

3）if（表达式）　语句 1

else if（表达式 2）　语句 2

else if（表达式 3）　语句 3

⋮

else if（表达式 m）　语句 m

else　语句 n

if 语句的嵌套：在 if 语句中又包含一个或多个 if 语句称为 if 语句的嵌套。

另外，条件运算符也是一种判断结构，详细的表达方法请参阅相关资料。

（4）switch 语句　switch 语句是多分支选择语句，详细的表达方法请参阅相关资料。

（5）知识扩展　关于 Ingenious 机器人的结构，在机器人正前方有 DI（2）碰撞模块；当机器人碰到前碰撞环时，会产生一个高电平，即计算机语言的 1。

5．分析

机器人会以很快的速度运行循环语句，不停地判断 DI（2），从而做出相应的动作。if 语句直接判断 DI（2）的速度很慢，所以要用一个中间变量 DI_2。

6．思考

Ingenious 机器人共有前、后两个碰撞环，连接 5 个碰撞模块（即 DI（1）、DI（2）、DI（3）、DI（4）、DI（5））。利用这些碰撞模块和前面所学的 C 语言知识，我们能不能开发出功能更多的避障机器人呢？

看看下面的程序会让机器人产生什么样的效果？

```
#include <stdio.h>
#include "ingenious.h"
int DI_1 = 0;
int DI_2 = 0;
int DI_3 = 0;
int DI_4 = 0;
int DI_5 = 0;
void main()
{
    while(1)
    {
        DI_1 = DI(1);
        DI_2 = DI(2);
        DI_3 = DI(3);
        DI_4 = DI(4);
```

```
    if (DI_1 || DI_2 || DI_3)
    {
        if (DI_1)
        {
            move (-200, -200, 0);
            sleep (500);
            move (-200, 200, 0);
            sleep (500);
        }
        else
        {
            move (-200, -200, 0);
            sleep (500);
            move (200, -200, 0);
            sleep (500);
        }
    }
    else
    {
        move (200, 200, 0);
    }
    if (DI_4 || DI_5)
    {
        if (DI_4)
        {
            move (-200, 200, 0);
            sleep (500);
        }
        else
        {
            move (200, -200, 0);
            sleep (500);
        }
    }
    else
    {
        move (200, 200, 0);
    }
}
```

7．小结

通过以上学习，我们已经能够开发出很多机器人的功能了，要想开发出功能更丰富的机器人，就要认真学好 C 语言程序设计。

6.4.5　数组

在这一小节中，通过实现让机器人走复杂路线，学习数组的概念、定义及其引用方法。

实验　让机器人走复杂路线

1．学习目标

1）掌握数组的概念；

2）掌握数组的定义；

3）掌握数组的引用；

4）初步理解数组的作用。

2．任务

实现让机器人按顺序进行各种连续移动。

3．实验步骤

（1）非数组方法　大家读完这个任务后，会觉得很简单，只要连续用 move 函数就可以了，实现的程序如下：

```c
#include <stdio.h>
#include "ingenious.h"
void main ()
{
    move (100, 100, 0);
    sleep (3000);
    move (400, 400, 0);
    sleep (3000);
    move (-200, 200, 0);
    sleep (3000);
    move (300, 300, 0);
    sleep (3000);
    move (100, 100, 0);
}
```

完成这个任务是一件非常简单的事，但我们要学习另外一种实现方法。

（2）数组方法

```c
#include <stdio.h>
#include "ingenious.h"
void main ()
{
```

```
int a [5] [2] = {{100, 100}, {200, 200}, {-100, 100}, {300, 300}, {100, 100}};
move (a [1] [1], a [1] [2], 0);
sleep (5000);
move (a [2] [1], a [2] [2], 0);
sleep (5000);
move (a [3] [1], a [3] [2], 0);
sleep (3000);
move (a [4] [1], a [4] [2], 0);
sleep (5000);
move (a [5] [1], a [5] [2], 0);
sleep (5000);
stop ();
while (1);
}
```

4. 知识点

在程序设计中，为了处理方便，常把具有相同类型的若干变量按有序的形式组织起来。这些按序排列的同类数据元素的集合称为数组。在 C 语言中，数组属于构造数据类型。一个数组可以分解为多个数组元素，这些数组元素可以是基本数据类型或是构造数据类型。因此按数组元素的类型不同，数组又可分为数值数组、字符数组、指针数组、结构数组等各种类别。

（1）一维数组　一维数组的定义方式如下：

类型说明符　数组名 [常量表达式]；

其中：类型说明符是任一种基本数据类型或构造数据类型；数组名是用户定义的数组标识符；方括号中的常量表达式表示数据元素的个数，也称为数组的长度。

例如：

```
int a [10];                  说明整型数组 a 有 10 个元素
float b [10], c [20];        说明实型数组 b 有 10 个元素，实型数组 c 有 20 个元素
char ch [20];                说明字符数组 ch 有 20 个元素
```

对于数组类型说明应注意以下几点：

1）数组的类型实际上是指数组元素的取值类型。对于同一个数组，其所有元素的数据类型都是相同的。

2）数组名的书写规则应符合标识符的书写规定。

3）数组名不能与其他变量名相同。

例如：

```
main ()
{
    int a;
    float a [10];
    ……
}
```

是错误的。

4）方括号中常量表达式表示数组元素的个数，如 a［5］表示数组 a 有 5 个元素，但是其下标从 0 开始计算，因此 5 个元素分别为 a［0］、a［1］、a［2］、a［3］、a［4］。

5）不能在方括号中用变量来表示元素的个数，但是可以是符号常数或常量表达式，例如：

```
#define FD 5
main ()
{
    int a [3+2], b [7+FD];
}
```

是合法的。

但是下述说明方式是错误的。

```
main ()
{
    int n=5;
    int a [n];
}
```

6）允许在同一个类型说明中说明多个数组和多个变量，例如：

int a, b, c, d, k1 [10], k2 [20];

（2）二维数组　前面介绍的数组只有一个下标，称为一维数组，其数组元素也称为单下标变量。在实际问题中有很多量是二维的或多维的，因此 C 语言允许构造多维数组。多维数组元素有多个下标，以标识它在数组中的位置，所以也称为多下标变量。本小节只介绍二维数组，多维数组可由二维数组类推而得到。

二维数组定义的一般形式是：

类型说明符　数组名［常量表达式 1］［常量表达式 2］

其中，常量表达式 1 表示第一维下标的长度，常量表达式 2 表示第二维下标的长度。

例如：

int a [3] [4];

说明了一个三行四列的数组，数组名为 a，其下标变量的类型为整型。该数组的下标变量共有 3×4 个，即

a [0] [0], a [0] [1], a [0] [2], a [0] [3]
a [1] [0], a [1] [1], a [1] [2], a [1] [3]
a [2] [0], a [2] [1], a [2] [2], a [2] [3]

二维数组在概念上是二维的，即是说其下标在两个方向上变化，下标变量在数组中的位置也处于一个平面之中，而不是像一维数组只是一个向量。但是，实际的硬件存储器却是连续编址的，也就是说存储器单元是按一维线性排列的。如何在一维存储器中存放二维数组，可有两种方式：一种是按行排列，即放完一行之后顺次放入第二行；另一种是按列排列，即放完一列之后再顺次放入第二列。在 C 语言中，二维数组是按行排列的。即先存放 a [0] 行，再存放 a [1] 行，最后存放 a [2] 行。每行中有四个元素，也是依次存放。由于数组 a

说明为 int 类型，该类型占两个字节的内存空间，所以每个元素均占有两个字节。

（3）字符数组　用来存放字符量的数组称为字符数组，形式与前面介绍的数值数组相同，例如：

char c [10]；

由于字符型和整型通用，因此也可以定义为 int c [10]，但这时每个数组元素占 2 个字节的内存单元。

字符数组也可以是二维或多维数组，例如：

char c [5] [10]；

即为二维字符数组。

字符数组的初始化：字符数组也允许在定义时作初始化赋值，例如：

char c [10] = { 'c'，' '，'p'，'r'，'o'，'g'，'r'，'a'，'m'}；

赋值后各元素的值如下：

c [0] 的值为 'c'

c [1] 的值为 ' '

c [2] 的值为 'p'

c [3] 的值为 'r'

c [4] 的值为 'o'

c [5] 的值为 'g'

c [6] 的值为 'r'

c [7] 的值为 'a'

c [8] 的值为 'm'

其中 c [9] 未赋值，其值系统自动赋予 0 值。

当对全体元素赋初值时，也可以省去长度说明，例如：

char c [] = { 'c'，' '，'p'，'r'，'o'，'g'，'r'，'a'，'m'}；这时 c 数组的长度自动定义为 9。

5. 分析

这里很好地利用了数组，我们修改程序的时候只需要变动数组的初值就可以了。

6. 知识扩展

程序最后要用 while (1) 语句，因为这样就能使计算机停留在这个语句构成死循环，避免程序跑飞。

跑飞：程序（常见于单片机、DSP 中）因编写问题没有按照设计者意思运行而进入死循环或者毫无意义地乱运行。

7. 思考

ingenious 函数库里还有很多函数利用数组开发了其他功能。

例如：让机器人边唱歌边显示文字的程序如下：

```
#include <stdio. h>
#include " ingenious. h"
void main ()
{
    char a [] = {" 演唱上海滩"};
```

```
Clr _ Screen ();
Mprintf (1, a, 0);
sleep (3000);
Music (250, 329.6);
Music (250, 391.9);
Music (1000, 440.0);
Music (250, 329.6);
Music (250, 391.9);
Music (1000, 293.6);
Music (250, 329.6);
Music (250, 391.9);
Music (250, 440.0);
Music (500, 523.2);
Music (250, 440.0);
Music (500, 391.9);
Music (250, 261.6);
Music (250, 329.6);
Music (1000, 293.6);
Music (250, 293.6);
Music (250, 329.6);
Music (1000, 391.9);
Music (250, 293.6);
Music (250, 329.6);
Music (250, 329.6);
Music (250, 220.0);
Music (1000, 220.0);
Music (250, 220.0);
Music (250, 261.6);
Music (750, 293.6);
Music (250, 329.6);
Music (250, 293.6);
Music (250, 246.9);
Music (500, 220.0);
Music (500, 261.6);
Music (1000, 196.0);
Music (250, 329.6);
Music (250, 391.9);
Music (1000, 293.6);
Music (250, 329.6);
Music (250, 391.9);
```

```
    Music（250，440.0）；
    Music（500，523.2）；
    Music（250，440.0）；
    stop（）；
}
```

6.4.6　函数

一个较大的程序一般应分为若干个程序模块，每个程序模块用来实现一个特定的功能。所有高级语言中都有子程序这个概念，用子程序实现模块的功能，在C语言中，子程序的作用是由函数完成的。一个C程序可由一个主程序和若干个函数构成。由主函数调用其他函数，其他函数也可以互相调用，同一个函数可以被一个或多个函数调用任意多次。

实验　机器人自动闪躲

1. 任务

让机器人察觉周围环境，一旦发现异常，发出警报，并采取行动。

2. 实验步骤

1）根据任务步骤设计程序流程图，如图6-22所示。

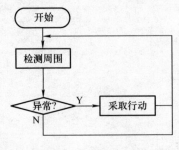

图6-22　程序流程图

2）因为有很多传感器，但无论是哪个传感器，一旦被触发，我们都采取同一种行动，如果每次都重写一次该行动的代码，程序会变得很臃肿，因此，我们可以把这种行动做成一个函数（功能模块），每次都调用这个函数，这样会使程序简单明了。

参考程序如下：

```
#include <stdio. h>
#include " ingenious. h"
int DI _ 1 = 0；
int DI _ 2 = 0；
int DI _ 3 = 0；
int DI _ 4 = 0；
int DI _ 5 = 0；
void main（）
{
```

```c
while (1)
{
    DI _ 1 = DI (1);
    DI _ 2 = DI (2);
    DI _ 3 = DI (3);
    DI _ 4 = DI (4);
    DI _ 5 = DI (5);
    if (DI _ 1)
    {
    Mprintf (7," DI1=%d", DI _ 1);
    Alarm1 ();
    }
    else
    {
        if (DI _ 2)
        {
            Mprintf (7," DI2=%d", DI _ 2);
            Alarm1 ();
        }
        else
        {
            if (DI _ 3)
            {
                Mprintf (7," DI3=%d", DI _ 3);
                Alarm1 ();
            }
        }
    }
}
if (DI _ 4)
{
    Mprintf (7," DI4=%d", DI _ 4);
    Alarm2 ();
}
else
{
    if (DI _ 5)
    {
        Mprintf (7," DI5=%d", DI _ 5);
        Alarm2 ();
    }
```

```
        }
    }
}
Alarm1 ()
{
    move (-400, -400, 0);
    sleep (500);
    stop ();
}
Alarm2 ()
{
    move (400, 400, 0);
    sleep (500);
    stop ();
}
```

3. 知识点

(1) 函数定义的一般形式

1) 无参函数的定义形式

类型标识符　函数名 ()

```
    {
        声明部分
        语句
    }
```

其中类型标识符和函数名称为函数头。类型标识符指明了本函数的类型，函数的类型实际上是函数返回值的类型，该类型标识符与前面介绍的各种说明符相同。函数名是由用户定义的标识符，函数名后有一个空括号，其中无参数，但括号不可少。{ } 中的内容称为函数体。在函数体中的声明部分，是对函数体内部所用到的变量的类型说明。在很多情况下都不要求无参函数有返回值，此时函数类型符可以写为 void。

我们可以改写一个函数定义：void Hello ()

```
    {
        Mprintf (1," Hello, world ", 0);
    }
```

这里，只把 main 改为 Hello 作为函数名，其余不变。Hello 函数是一个无参函数，当被其他函数调用时，输出 Hello world 字符串。

2) 有参函数定义的一般形式

类型标识符 函数名 (形式参数表列)

```
    {
        声明部分
        语句
    }
```

有参函数比无参函数多了一个内容，即形式参数表列。在形参表中给出的参数称为形式参数，它们可以是各种类型的变量，各参数之间用逗号间隔。在进行函数调用时，主调函数将赋予这些形式参数实际的值。形参既然是变量，必须在形参表中给出形参的类型说明。

例如，定义一个函数，用于求两个数中的大数，可写为以下形式：

```
int max (int a, int b)
{
    if (a>b) return a;
    else return b;
}
void main ()
{
    int h;
    h=max (3, 4);
    Mprintf (1,"%d", h);
    sleep (100);
}
```

第一行说明 max 函数是一个整型函数，其返回的函数值是一个整数。形参为 a、b，均为整型量，a、b 的具体值是由主调函数在调用时传送过来的。在〔 〕中的函数体内，除形参外没有使用其他变量，因此只有语句而没有声明部分。在 max 函数体中的 return 语句是把 a（或 b）的值作为函数的值返回给主调函数。有返回值函数中至少应有一个 return 语句。

在 C 程序中，一个函数的定义可以放在任意位置，既可放在主函数 main 之前，也可放在 main 之后。

例如：可把 max 函数置于 main 之后，也可以把它放在 main 之前。

（2）函数的参数和函数的值

1）形式参数和实际参数。前面已经介绍过，函数的参数分为形参和实参两种。在本小节中，进一步介绍形参、实参的特点和两者的关系。形参出现在函数定义中，在整个函数体内都可以使用，离开该函数则不能使用。实参出现在主调函数中，进入被调函数后，实参变量也不能使用。形参和实参的功能是进行数据传送。发生函数调用时，主调函数把实参的值传送给被调函数的形参，从而实现主调函数向被调函数的数据传送。

函数的形参和实参具有以下特点：

① 形参变量只有在被调用时才分配内存单元，在调用结束时，即刻释放所分配的内存单元。因此，形参只有在函数内部有效。函数调用结束返回主调函数后则不能再使用该形参变量。

② 实参可以是常量、变量、表达式、函数等，无论实参是何种类型的量，在进行函数调用时，它们都必须具有确定的值，以便把这些值传送给形参。因此应预先用赋值、输入等办法使实参获得确定值。

③ 实参和形参在数量上、类型上、顺序上应严格一致，否则会发生类型不匹配的错误。

④ 函数调用中发生的数据传送是单向的，即只能把实参的值传送给形参，而不能把形参的值反向地传送给实参。因此在函数调用过程中，形参的值发生改变，而实参中的值不会变化。

2）函数的返回值。函数的值是指函数被调用之后，执行函数体中的程序段所取得的并返回给主调函数的值，如调用正弦函数取得正弦值，对函数的值（或称函数返回值）有以下一些说明：

① 函数的值只能通过 return 语句返回主调函数。return 语句的一般形式为"return 表达式；"或者为"return（表达式）；"，该语句的功能是计算表达式的值，并返回给主调函数。在函数中允许有多个 return 语句，但每次调用只能有一个 return 语句被执行，因此只能返回一个函数值。

② 函数值的类型和函数定义中函数的类型应保持一致。如果两者不一致，则以函数类型为准，自动进行类型转换。

③ 如函数值为整型，在函数定义时可以省去类型说明。

④ 不返回函数值的函数，可以明确定义为"空类型"，类型说明符为"void"，因此可定义为：

```
void s（int n）
{
    …
}
```

一旦函数被定义为空类型后，就不能在主调函数中使用被调函数的函数值了。例如，在定义 s 为空类型后，在主函数中的下述语句：

sum＝s（n）；

就是错误的。为了使程序有良好的可读性并减少出错，凡不要求返回值的函数都应定义为空类型。

（3）函数的调用

1）函数调用的一般形式。前面已经说过，在程序中是通过对函数的调用来执行函数体的，其过程与其他语言的子程序调用相似。

C 语言中，函数调用的一般形式为：

函数名（实际参数表）

对无参函数调用时则无实际参数表。实际参数表中的参数可以是常数、变量或其他构造类型数据及表达式。各实参之间用逗号分隔。

2）函数调用的方式。在 C 语言中，可以用以下几种方式调用函数：

① 函数表达式：函数作为表达式中的一项出现在表达式中，以函数返回值参与表达式的运算。这种方式要求函数是有返回值的，例如 z＝max（x，y）是一个赋值表达式，把 max 的返回值赋予变量 z。

② 函数语句：函数调用的一般形式加上分号即构成函数语句，例如"printf（"%d"，a）；""scanf（"%d"，&b）；"都是以函数语句的方式调用函数。

③ 函数实参：函数作为另一个函数调用的实际参数出现。这种情况是把该函数的返回值作为实参进行传送，因此要求该函数必须是有返回值的。例如：

Mprintf（1,"%d"，max（x，y））；

即是把 max 调用的返回值又作为 printf 函数的实参来使用的。在函数调用中还应该注意的一个问题是求值顺序的问题。所谓求值顺序，是指对实参表中各量是自左至右使用呢，还是自右至左使用。对此，各系统的规定不一定相同。

　　3) 被调用函数的声明和函数原型。在主调函数中调用某函数之前应对该被调函数进行说明（声明），这与使用变量之前要先进行变量说明是一样的。在主调函数中对被调函数作说明的目的是使编译系统知道被调函数返回值的类型，以便在主调函数中按此种类型对返回值作相应的处理。

　　其一般形式如下：

　　类型说明符　被调函数名（类型　形参，类型　形参…）；

　　或为如下形式：

　　类型说明符　被调函数名（类型，类型…）；

　　括号内给出了形参的类型和形参名，或只给出形参类型，这便于编译系统进行检错，以防止可能出现的错误。

　　main 函数中对 max 函数的说明：

　　int max（int a，int b）；

　　或写为如下形式：

　　int max（int，int）；

　　C 语言中又规定在以下几种情况时可以省去主调函数中对被调函数的函数说明。

　　1) 如果被调函数的返回值是整型或字符型时，可以不对被调函数作说明，而直接调用，这时系统将自动对被调函数返回值按整型处理。

　　2) 当被调函数的函数定义出现在主调函数之前时，在主调函数中也可以不对被调函数再作说明而直接调用。

　　3) 如在所有函数定义之前，在函数外预先说明了各个函数的类型，则在以后的各主调函数中，可不再对被调函数作说明。例如：

```
char str （int a）；
float f （float b）；
main （
{
    …
}
char str （int a）
{
    …
}
float f （float b）
{
    …
}
```

　　其中第一、二行对 str 函数和 f 函数预先作了说明，因此在以后各函数中无须对 str 和 f 函数再作说明就可直接调用。

　　4) 对库函数的调用不需要再作说明，但必须把该函数的头文件用 include 命令包含在源文件前部。

（4）函数的嵌套调用 C 语言中不允许作嵌套的函数定义，因此各函数之间是平行的，不存在上一级函数和下一级函数的问题。但是 C 语言允许在一个函数的定义中出现对另一个函数的调用，这样就出现了函数的嵌套调用，即在被调函数中又调用其他函数，这与其他语言的子程序嵌套的情形是类似的。其关系可表示为图 6-23 所示的形式。

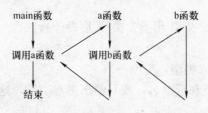

图 6-23 函数的嵌套调用关系图

图 6-23 表示了两层嵌套的情形，其执行过程是：执行 main 函数中调用 a 函数的语句时，即转去执行 a 函数，在 a 函数中调用 b 函数时，又转去执行 b 函数，b 函数执行完毕返回 a 函数的断点继续执行，a 函数执行完毕返回 main 函数的断点继续执行。

（5）函数的递归调用 一个函数在它的函数体内调用它自身称为递归调用，这种函数称为递归函数。C 语言允许函数的递归调用。在递归调用中，主调函数又是被调函数。执行递归函数将反复调用其自身，每调用一次就进入新的一层。

例如，有函数 f 如下：

```
int f （int x）
{
    int y; z＝f （y）;
    return z;
}
```

这个函数是一个递归函数。但是运行该函数将无休止地调用其自身，这当然是不正确的。为了防止递归调用无终止地进行，必须在函数内有终止递归调用的手段。常用的办法是加条件判断，满足某种条件后就不再作递归调用，然后逐层返回。

4. 思考

利用前面学过的知识实现下列功能：当多次触碰机器人后，机器人不再躲闪发出警报，可参考如下程序：

```
# include ＜stdio. h＞
# include " ingenious. h"
int DI _ 1 = 0;
int DI _ 2 = 0;
int DI _ 3 = 0;
int DI _ 4 = 0;
int DI _ 5 = 0;
int i＝0;
void main （）
{
```

```
while (1)
{
    DI _ 1 = DI (1);
    DI _ 2 = DI (2);
    DI _ 3 = DI (3);
    DI _ 4 = DI (4);
    DI _ 5 = DI (5);
    if (DI _ 1)
    {
        Mprintf (7," DI1=%d", DI _ 1);
        Alarm1 (i);
        i++;
    }
    else
    {
        if (DI _ 2)
        {
            Mprintf (7," DI2=%d", DI _ 2);
            Alarm1 (i);
            i++;
        }
        else
        {
            if (DI _ 3)
            {
                Mprintf (7," DI3=%d", DI _ 3);
                Alarm1 (i);
                i++;
            }
        }
    }
    if (DI _ 4)
    {
        Mprintf (7," DI4=%d", DI _ 4);
        Alarm2 (i);
        i++;
    }
    else
    {
        if (DI _ 5)
```

```
                {
                    Mprintf (7," DI5=%d", DI _ 5);
                    Alarm2 (i);
                    i++;
                }
            }
        if (i>4)
        {
            i=0;
        }
    }
}
Alarm1 (int i )
{
    move (-400, -400, 0);
    sleep (500);
    stop ();
    if (i>3)
    {
        Alarm ();
    }
}
Alarm2 (int i)
{
    move (400, 400, 0);
    sleep (500);
    stop ();
    if (i>3)
    {
        Alarm ();
    }
}
Alarm ()
{
    int m=0;
    while (m<3)
    {
        Clr _ Screen ();
        Mprintf (1," WARNING!!!!!!!!", 1);
        m++;
```

```
        Music (125, 261.6);
    }
    Clr _ Screen ();
}
```

6.4.7　指针

指针是 C 语言中一个重要的概念，也是 C 语言的一个重要特色。正确而灵活地运用它，可以有效地表示复杂的数据结构，能动态分配内存，能方便地使用字符串，能有效而方便地使用数组，而调用函数时能得到多于 1 个的值，能直接处理内存地址等。

实验　多次触碰机器人后发出警报（指针实现）

1. 任务

让机器人察觉周围环境，在多次触碰后发出警报。

2. 实验步骤

1）画出程序流程图，如图 6-24 所示。

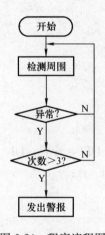

图 6-24　程序流程图

2）根据程序流程图，写出如下程序：

```c
# include <stdio. h>
# include " ingenious. h"
int DI _ 1 = 0;
int DI _ 2 = 0;
int DI _ 3 = 0;
int DI _ 4 = 0;
int DI _ 5 = 0;
int i=0;
int * point _ i;
void main ()
```

```
{
    point _ i=&.i;
    while (1)
    {
        DI _ 1 = DI (1);
        DI _ 2 = DI (2);
        DI _ 3 = DI (3);
        DI _ 4 = DI (4);
        DI _ 5 = DI (5);
        if (DI _ 1)
        {
            i++;
            Mprintf (7," DI1=%d", DI _ 1);
            Alarm1 (point _ i);
        }
        else if (DI _ 2)
        {
        }
        else
        {
            if (DI _ 2)
            {
                i++;
                Mprintf (7," DI2=%d", DI _ 2);
                Alarm1 (point _ i);
            }
            else
            {
                i++;
                Mprintf (7," DI3=%d", DI _ 3);
                Alarm1 (point _ i);
            }
        }
        if (DI _ 4)
        {
            i++;
            Mprintf (7," DI4=%d", DI _ 4);
            Alarm2 (point _ i);
        }
```

```
    else
    {
        if (DI _ 5)
        {
            i++;
            Mprintf (7," DI5=%d", DI _ 5);
            Alarm2 (point _ i);
        }
    }
}
Alarm1 (int * point _ i)
{
    move (-400, -400, 0);
    sleep (500);
    stop ();
    if ( * point _ i>3)
    {
        Alarm (point _ i);
    }
}
Alarm2 (int * point _ i)
{
    move (400, 400, 0);
    sleep (500);
    stop ();
    if ( * point _ i>3)
    {
        Alarm (point _ i);
    }
}
Alarm (int * point _ i)
{
    int m=0;
    * point _ i=0;
    while (m<3)
    {
        Clr _ Screen ();
        Mprintf (1," WARNING!!!!!!!!", 1);
        m++;
        Music (125, 261.6);
```

```
      }
    Clr _ Screen ();
}
```

3. 知识点

变量的指针就是变量的地址，存放变量地址的变量是指针变量，即在 C 语言中，允许用一个变量来存放指针，这种变量称为指针变量。因此，一个指针变量的值就是某个变量的地址或称为某变量的指针。

为了表示指针变量和它所指向的变量之间的关系，在程序中用符号表示"指向"，例如，i _ pointer 代表指针变量，而 * i _ pointer 是 i _ pointer 所指向的变量，它们之间的关系示意图如图 6-25 所示。

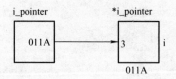

图 6-25　指针变量与其指向的变量之间的关系

因此，下面两个语句作用相同：

i＝3;

* i _ pointer＝3;

第二个语句的含义是将 3 赋给指针变量 i _ pointer 所指向的变量。

对指针变量的定义包括三个内容：

1) 指针类型说明，即定义变量为一个指针变量。

2) 指针变量名。

3) 变量值（指针）所指向的变量的数据类型。

其一般形式为：类型说明符 * 变量名

其中，* 表示这是一个指针变量，变量名即为定义的指针变量名，类型说明符表示本指针变量所指向的变量的数据类型。

例如：int * p1;

其中，p1 是一个指针变量，它的值是某个整型变量的地址，或者说 p1 指向一个整型变量。至于 p1 究竟指向哪一个整型变量，应由向 p1 赋予的地址来决定。

再如：

int * p2;   / * p2 是指向整型变量的指针变量 * /

float * p3;   / * p3 是指向浮点变量的指针变量 * /

char * p4;   / * p4 是指向字符变量的指针变量 * /

应该注意的是，一个指针变量只能指向同类型的变量，如 p3 只能指向浮点变量，不能时而指向一个浮点变量，时而又指向一个字符变量。

4. 分析

与前面程序不同的是，这里我们使用了一个固定地址计数，函数之间通过传递这个地址进行操作。

6.4.8　结构体与共同体

迄今为止，本书已经介绍了基本的数据类型的变量。但只有这些数据是不够的，有时候需要将不同的类型的数据组合成一个有机整体，以便引用。

实验　让机器人连续做三个组合动作

1. 任务

每一组动作包括动作名称、运行时间、左轮速度、右轮速度，做成一个结构体，用链表记录，并顺序做出动作。

2. 实验步骤

1）先画出计划的流程图，流程图如图 6-26 所示。

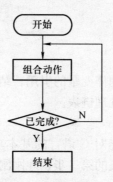

图 6-26　程序流程图

2）将程序流程图用 C 语言程序实现。

```
#include " stdio. h"
#define NULL 0
struct action
{
    int time；
    int speed1，speed2；
    char name ［10］；
    struct action * next；
}
main（）
{
    struct action a，b，c，* head，* p；
    a. time＝4000；a. speed1＝200；a. speed2＝0；strcpy（a. name," action1"）；
    b. time＝3000；b. speed1＝－200；b. speed2＝0；strcpy（b. name," action2"）；
    c. time＝2000；c. speed1＝－200；c. speed2＝200；strcpy（c. name," action3"）；
    head＝&a；
```

```
        a. next=&b;
        b. next=&c;
        c. next=NULL;
        p=head;
        do
        {
            move (p—>speed1, p—>speed2, 0);
            Mprintf (1, p—>name, 0);
            sleep (a. time);
            stop ();
            sleep (3000);
            p=p—>next;
        } while (p! =NULL);
}
```

3. 知识点

定义结构体的类型和方法、结构体变量的引用、结构体变量的初始化、结构体数组、指向结构体类型数据的指针、用指针处理链表。

4. 总结

通过以上调试过程相信读者已经对 C 语言的基本功能和使用方式有所了解，但这仅仅是最简单的程序设计，只是万里长征的第一步，才刚刚开始。

习　题

1. 编写一个程序，输入 a、b、c 三个值，输出其中最大值。

2. 给一个百分制成绩，要求输出等级 A、B、C、D、E，90 分以上为 A，80～90 分为 B，70～79 分为 C，60～69 分为 D，60 分以下为 E。

3. 一球从 100m 高度自由下落，每次落地后返回原高度的一半，再落下。求它在第 10 次落地时共经过多少米？第 10 次反弹多高？

4. 将一个数组的值按逆序重新存放，例如，原来顺序为：8、6、5、4、1，要求改为：1、4、5、6、8。

第 7 章 MT-U 智能机器人实训

7.1 实训 1：熟悉智能机器人开发环境

7.1.1 实训目的

1）熟悉大学版机器人的编程环境。

2）掌握流程图编程方法。

3）掌握程序下载方法。

7.1.2 实训设备

1）带串口计算机一台（计算机没有串口的可以用一根 USB 转串口线，以下实训项目同要求）。

2）MT-U 智能机器人一台。

3）下载线一根。

7.1.3 实训内容及步骤

MT-U 智能机器人的编程环境是完全兼容标准 C 的开发环境的，它有两种编程模式供选择，一种是流程图，另一种是 C 语言。流程图将程序以图形的形式来表现，这种编程非常容易让初级用户接受，甚至没有接触过 C 语言的用户也可以很快掌握基础程序的编写。下面详尽地介绍智能机器人的开发环境。

1）本软件无须安装，将随机光盘中的 mtu 文件夹复制到 C 盘目录下，打开 mtu 文件夹，找到配置文件 mtu. ini 并打开，如图 7-1 所示。

图 7-1 中方框标示出的为软件工作路径，把它修改成当前文件存放的位置，如现在文件放在 C 盘目录下，那么文件路径修改为：WORK _ PATH ＝c:\mtu\projects。

图 7-1 配置文件 mtu. ini 的内容

在同一文件下有设置串口的操作：PORT＝1，确认此串口与PC的串口号一致，查询及更改PC串口号的方法：在计算机桌面上用鼠标右键单击"我的电脑"图标，选择"属性"子菜单，单击"硬件"选项卡，然后单击"资源管理器"按钮，找到"端口（COM和LTP)"项，双击"通信端口"即可进行更改设置。

2）双击打开mtu.exe文件，出现图7-2所示的操作界面，在"新建"项下有两个选项：流程图语言和C语言。

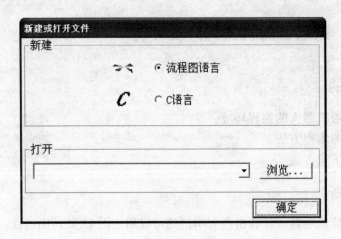

图7-2　新建或打开文件操作界面

单击"浏览"按钮可以打开已有的文件。选中"流程图语言"单选按钮后，单击"确定"按钮，弹出开发环境界面，如图7-3所示。

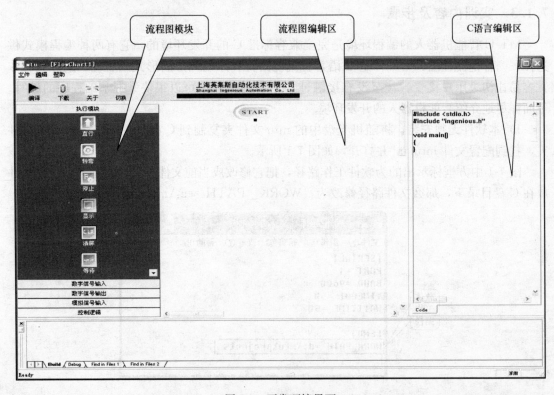

图7-3　开发环境界面

流程图模块一共分为执行模块、数字信号输入、数字信号输出、模拟信号输入、控制逻辑几个模块。写程序时只要把相应的模块拖到流程图编辑区连接就可以了。模块间的连接方法：把两个模块拖动到很近时就能自动连接起来了，同时在 C 语言编辑区生成相应的 C 语言代码。

3）用流程图编写第一个程序。在机器人开发环境中编写自己的第一个程序。按上述步骤打开编程环境，开始编写程序。我们第一个程序的功能是实现机器人前进一段时间停下。

图 7-4　模块连接图

步骤一：把直行模块用鼠标左键拖到流程图编辑区，靠近开始模块，连接点自动将两个模块连接起来，如图 7-4 所示。在直行模块上单击鼠标右键，在弹出的快捷菜单中单击"属性"命令来修改直行速度，即出现图 7-5 所示的设置界面。

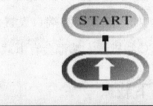

图 7-5　设置直行属性

步骤二：把等待模块拖入到流程图编辑区，参数修改同上，修改为"2000"，单位为毫秒。

步骤三：把停止模块拖到编辑区。程序编写完成界面如图 7-6 所示。

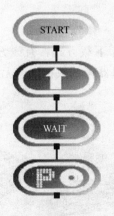

图 7-6　程序编写完成界面

步骤四：单击"编译"按钮 ▶，在界面信息栏会出现编译成功提示，如图 7-7 所示。

```
× Translating C:/mtu/projects/undefined/output/undefined.out to Intel format...
◀   "C:/mtu/projects/undefined/output/undefined.out"  ==> .vectors
    "C:/mtu/projects/undefined/output/undefined.out"  ==> .text
    "C:/mtu/projects/undefined/output/undefined.out"  ==> .cinit

build Success

◀ ▶ \ Build ╱ Debug ╲ Find in Files 1 ╲ Find in Files 2 ╱
```

图 7-7　界面信息栏出现编译成功提示

4）程序的下载。对机器人本体和接口的详尽介绍请参照前几章。下载前对端口进行配置，在图 7-1 所示文件中的 PORT 项中进行设置，下载线两端分别连接计算机串口与机器人的下载口。打开电源，通过选择按钮，选择"下载"→"OK"选项，按下本体上的黄色下载按钮，液晶屏上出现"下载等待……"的字样，此时将前面在开发环境中编译好的程序下载到机器人中，单击 ⬆下载 按钮进行下载，如果连接线和端口设置没有问题，在机器人上会显示"正在下载"的字样，下载完成在 PC 和机器人端都会有下载成功的提示。

7.2　实训 2：智能机器人无线下载

7.2.1　实训目的

学会使用智能机器人的无线下载功能。

7.2.2　实训设备

1）带串口计算机一台。
2）MT-U 智能机器人一台。
3）下载线一根。
4）无线通信模块一个。

7.2.3　实训内容及步骤

MT-U 智能机器人上有两种程序下载方式：有线方式和无线方式。无线下载方式就是通过机器人配备的无线通信模块向机器人下载程序。无线通信模块如图 7-8 所示。

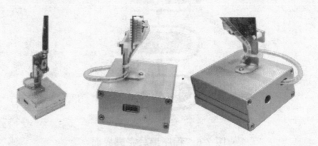

图 7-8　无线通信模块

下面给出一个实际的例子来说明具体的操作步骤。

1. 下载方式

用无线下载的方式向机器人中下载源程序 1。

2. 下载步骤

1）打开 mtu. exe 文件，弹出新建或打开文件操作界面（见图 7-2），在"新建"项下有两个选项：即"流程图语言"和"C 语言"编程环境。

2）选择"C 语言"编程环境，弹出图 7-9 所示的界面。

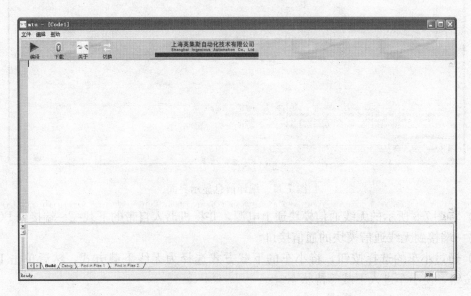

图 7-9　C 语言编程环境界面

3）写入源程序 1 后的界面如图 7-10 所示。

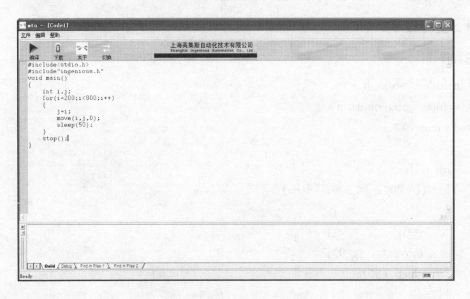

图 7-10　写入源程序后的界面

4）对源程序 1 进行编译，如果有错误则改正相关错误，直到编译软件显示"build Success"为止。编译信息显示界面如图 7-11 所示。

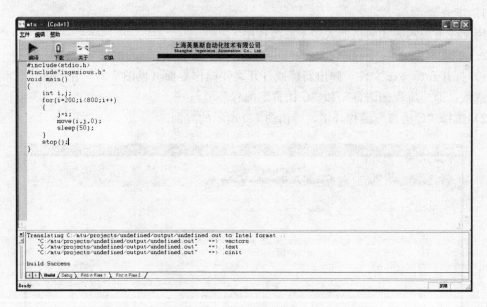

图 7-11　编译信息显示界面

5）将图 7-8 所示的无线通信模块通上电源，并将机器人自带的下载线一端接到 PC 的串口，另一端接到无线通信模块的通信接口。

6）通过小车的选择按钮，将小车的下载方式选择为无线下载方式，然后单击 Down-Load 按钮，使小车进入下载等待状态。

7）在编译软件上单击 　下载　 按钮，在机器人上会显示"正在下载"的字样，编译好的源程序 1 就开始以无线的方式下载到智能机器人上。

7.2.4　参考程序

源程序 1：

```c
#include <stdio. h>
#include " ingenious. h"
void main ()
{
    int i, j;
    for (i=200; i<800; i++)
    {
        j=i;
        move (i, j, 0);
        sleep (50);
    }
    Stop ();
}
```

程序的功能：小车速度逐渐增加，加速一段时间后，小车自动停止。

7.3　实训 3：机器人的基本运动控制

7.3.1　实训目的

1）进一步熟悉编程环境。
2）掌握如何控制机器人运动的速度和方向。
3）加深 C 语言循环语句的应用。
4）了解直流电动机的调速原理。

7.3.2　实训设备

1）带串口计算机一台。
2）MT-U 智能机器人一台。
3）下载线一根。

7.3.3　实训内容及步骤

1. 调速原理

直流电动机的速度控制采用 PWM（Pulse Width Modulation，脉冲调宽信号）波来实现，其基本原理是，在一定频率下，调节脉冲宽度等效改变施加于直流电动机的平均电压，从而改变电动机的转动速度。PWM 调速原理如图 7-12 所示。

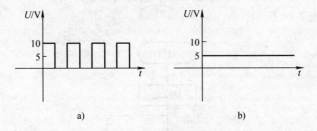

图 7-12　PWM 调速原理

图 7-13a 是占空比为 50％的 PWM 波，把它加在直流电动机两端相当于加在 5V 电压两端，如图 7-13b 所示。要改变直流电动机的转动方向，只需改变电动机电源的正负极。

大学版机器人驱动部分采用差分驱动方式。差分驱动方式是指将两个有差异的或独立的运动合成为一个运动。当我们把两台电动机的运动合成为一个运动时，这就构成了差动驱动，也就是两台直流电动机各有一个独立驱动板。机器人驱动部分见图 3-8，驱动板如图 7-13 所示。

驱动芯片为 LMD18200，具有 3A 连续工作电流、6A 的最大电流、非常高的转换效率和纹波特性，并且具有过电流、过热保护，电路原理图参见第 4 章图 4-32。电源芯片 LM2577T-ADJ，采用电池升压稳压电路，有效地提高了电动机在电池电压变化过程中的效率和稳定性，电路图参见第 4 章图 4-31。在驱动板上有一个驱动电流反馈接口，把它接到扩展板上的 A-D 端口就可读出此刻驱动器上的电流。

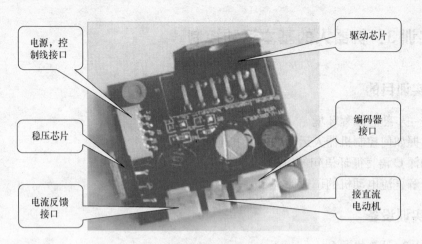

图 7-13 驱动板图

2. 实训内容

本实训要实现的内容为机器人的原地加速旋转，当达到一定的速度时停下。在头文件库 ingenious. h 中，有一对电动机速度和方向进行控制的函数 move（100，100，0），三个参数分别表示左轮速度、右轮速度和扩展电动机速度。参数变化范围为 0~1000，如果参数为负，则表示向相反的方向转动。

原地加速旋转程序的设计思想如下：

1）原地旋转：左右轮运动方向相反。

2）加速：只要把电动机运动速度做成一个递增的变量即可。

程序流程图如图 7-14 所示。

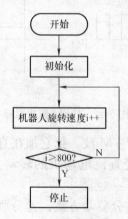

图 7-14 程序流程图

7.3.4 参考程序

```
/ * * 函数说明：move (i, j, 0)，运动控制函数；sleep (50)，延时函数 * * /
# include <stdio. h>
# include " ingenious. h"
void main ()
{
```

```
int i, j;
for (i=200; i<800; i++)
{
    j=i;
    move (i, j, 0);
    sleep (50);
}
stop ();
}
```

7.4　实训 4：基于红外线传感器的避障机器人

7.4.1　实训目的

1）熟悉机器人扩展板上的接口。
2）了解红外线传感器避障基本原理。
3）设计避障策略，编写程序。

7.4.2　实训设备

1）带串口计算机一台。
2）MT-U 智能机器人一台。
3）下载线一根。

7.4.3　实训内容及步骤

1）在机器人本体的传感器支架上，红外线传感器的分布如图 7-15 所示。

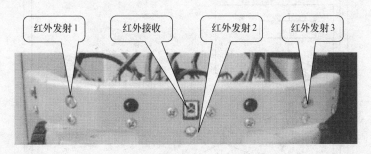

图 7-15　红外线传感器分布图

三个红外发射传感器依次向外发射红外光，当遇到障碍物时，红外光被反射回来，红外接收传感器接收到信号判断该方向有障碍物。由于传感器的数量和分布的原因，这种避障方式会有盲区，这就需要辅助其他传感器的综合应用相互补充。在每一个红外发射传感器的电路板上有一个可变电阻，用来调节发射红外线的强度。

2）扩展板上的接口如图 7-16 所示。

3）程序编写。在 ingenious. h 库中，有封装好的函数可以调用，即 IR_CONTROL（6，

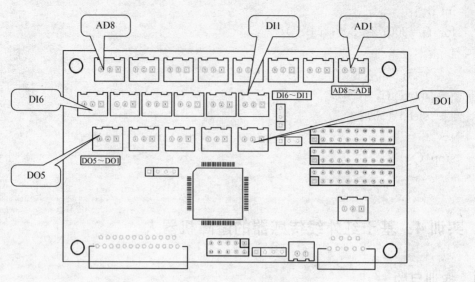

图 7-16 扩展板上的接口图

1)，传递的参数 6 表示红外接收端接口在 DI 口的第 6 个接口，1 表示红外发射 1。在有障碍物时函数返回值为 0，否则为 1。

避开障碍物的策略为前方、左方、右方无障碍则前进，左边有障碍向右转，右边有障碍往左转，前面偏左有障碍则后退右转，前面偏右有障碍则后退左转。实训例程采用的是这个比较简单的策略，没有完全考虑所有可能的情况。

程序流程图如图 7-17 所示。

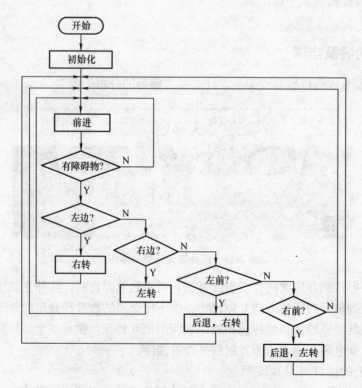

图 7-17 程序流程图

7.4.4　参考程序

```
#include<stdio. h>
#include" ingenious. h"
int obstacle1=0;
int obstacle2=0;
int obstacle3=0;
void main ()
{
    while (1)
    {
        obstacle1 =IR_CONTROL (6, 1);
        obstacle2 =IR_CONTROL (6, 2);
        obstacle3 =IR_CONTROL (6, 3);
        Mprintf (1," obs1=%d", obstacle1);
        Mprintf (7," obs2=%d", obstacle2);
        Mprintf (7," obs3=%d", obstacle3);
        if (obstacle1 && obstacle2 && obstacle3)
        {
            move (200, 200, 0);
        }
        else if (! obstacle1)
            move (-200, 200, 0);
        else if (! obstacle3)
            move (200, -200, 0);
        else if ( (! obstacle3) && (! obstacle2))
        {
            move (-200, -200, 0);
            sleep (10);
            move (200, -200, 0);
        }
        else if ( (! obstacle1 ) && (! obstacle2))
        {
            move (-200, -200, 0);
            sleep (10);
            move (-200, 200, 0);
        }
    }
}
```

7.5 实训 5：PC 无线遥控智能机器人

7.5.1 实训目的

1）了解无线传输的原理与工作过程。
2）掌握串行通信的通信协议，了解 PC 串口调节方式。
3）掌握无线遥控的工作流程。

7.5.2 实训设备

1）带串口计算机一台。
2）MT-U 智能机器人一台。
3）下载线一根。
4）无线通信模块一个。

7.5.3 实训内容及步骤

1. 项目描述

无线技术不仅是一门很流行的技术，而且已经越来越多地应用到人们的日常生活中，它的应用使人们的生活更加便利。在本实训任务中，我们使用的是 DTD462 无线通信模块，如图 7-18 所示。它具有基于 FSK 的调制方式，采用高效前向纠错信道编码技术，提高了数据抗突发干扰和随机干扰的能力。

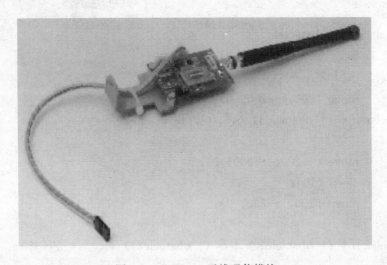

图 7-18　DTD462 无线通信模块

FSK 调制原理：数字频率调制又称频移键控（FSK），二进制频移键控记作 2FSK。数字频移键控是用载波的频率来传送数字信息的，即用所传送的数字信息控制载波的频率。2FSK 信号便是符号"1"对应于载频 f_1，而符号"0"对应于载频 f_2（与 f_1 不同的另一载频）的已调波形，而且 f_1 与 f_2 之间的改变是瞬间完成的。从原理上讲，数字调频可用模拟调频法来实现，也可用键控法来实现。模拟调频法是利用一个矩形脉冲序列对一个载波进行调频，是频移键控通信方式早期采用的实现方法。2FSK 键控法则是利用受矩形脉冲序列控制的开关电路对两个不同的独立频率源进行选通。键控法的特点是转换速度快、波形好、稳定度高且易于实现，故应用广泛。2FSK 信号的产生方法及波形示例如图 7-19 所示。图 7-19 中 $s(t)$ 为代表信息的二进制矩形脉冲序列，$e_0(t)$ 即是 2FSK 信号。

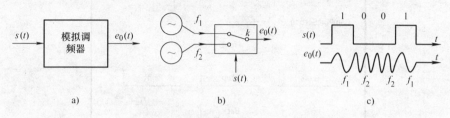

图 7-19　2FSK 信号的产生方法及波形示例

对于用户来说，即使对无线技术不是特别了解也不影响使用，因为这里的无线模块向用户提供了标准的串行接口，用户只需将模块的串行接口与自己使用的控制器的串口相连接，并用串行方式向无线模块发送数据，数据就能够自动地发向无线接收端。而在接收端，用户可以用同样的方式接收数据。

2. 程序举例

程序思路：使用 PC 的控制界面以无线的方式控制智能机器人的运动。

操作步骤：

1）图 7-18 所示的无线通信模块与 PC 相连时需要进行电平的转换。普通应用时，只需接入一个 MAX232 的芯片即可。为了使系统更加稳定，我们在转换电路的周围加入了一些保护电路，制成了图 7-20 所示的模块。

图 7-20　无线通信模块

图 7-21　PC 的控制程序图标

使用时，先用机器人配件中的串口线将模块和 PC 相连，然后通上 12V 的电源即可。

2）为了与本项目配合使用，我们编写好了一个 PC 的控制界面，通过它可以向外发送一定的控制指令，如图 7-21 所示。

程序打开后界面如图 7-22 所示。

3）将源程序 1 下载到智能机器人中，并编译运行。

4）打开上位机程序，通过上下左右按钮就可以控制小车的运行。

下位机程序流程图如图 7-23 所示。

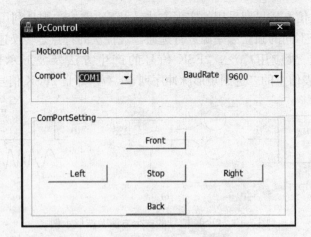

图 7-22　程序打开后的界面

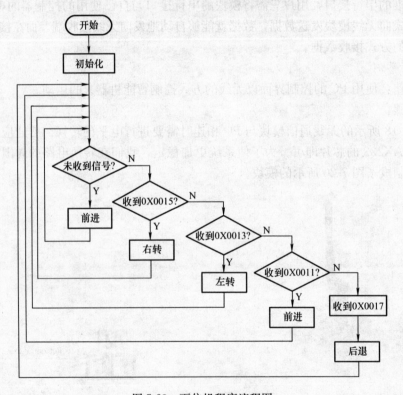

图 7-23　下位机程序流程图

7.5.4　参考程序

#include<stdio. h>

#include<ingenious. h>

unsigned int receivedata = 0;

void move _ 1 ();

void back ();

void left ();

```
void right ();
void main ()
{
    while (1)
    {
        int temp=0;
        receivedata=serial_receive (1);
        temp=receivedata;
        if (temp==0x0011)
        {
            move_1 ();
        }
        else if (temp==0x0017)
        {
            back ();
        }
        else if (temp==0x0013)
        {
            left ();
        }
        else if (temp==0x0015)
        {
            right ();
        }
        else if (temp==0x0019)
        {
            stop ();
        }
        else
        {
            temp=0;
        }
    }
}
void move_1 ()
{
    move (200, 207, 0);
}
void back ()
{
```

```
        move (-200, -207, 0);
    }
    void left ()
    {
        move (-200, 207, 0);
        sleep (500);
        stop ();
    }
    void right ()
    {
        move (200, -207, 0);
        sleep (500);
        stop ();
    }
```

7.6　实训 6：音乐盒设计

7.6.1　实训目的

1）进一步了解大学版机器人的系统资源。

2）掌握流程图环境下编辑音乐的方法。

3）完成一段音乐的编写。

7.6.2　实训设备

1）带串口计算机一台。

2）MT-U 智能机器人一台。

3）下载线一根。

7.6.3　实训内容及步骤

扬声器由 DSP 的 I/O 口控制，通过软件产生一定频率的脉冲信号，加以放大、整形，驱动扬声器发音。电路原理图如图 7-24 所示。

当 DSP 的 I/O 口给出不同频率信号时，扬声器产生不同的声音。

函数说明：

Music（unsigned int MUSCIT, float FREQUENCY）;

第一个参数为时间，单位为毫秒。采用流程图编程方法的设置界面如图 7-25 所示。流程图中可选择节拍，如二分之一音符发音 500ms，四分之一音符为 250ms，八分之一音符为 125 毫秒，十六分之一音符为 63ms。

第二个参数为音频设置，单位为赫兹。1、2、3 等表示简谱音阶；休止符表示不发声，也需指定时间间隔。自定义时可在对话框中输入任意音频数值，使机器人发出相应频率的声音。

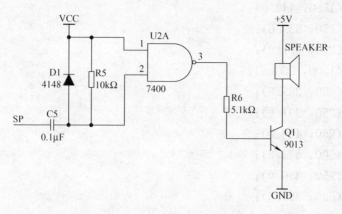

图 7-24　扬声器驱动电路原理图

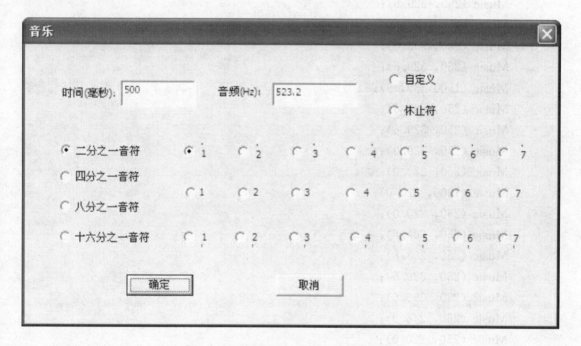

图 7-25　采用流程图编程方法的设置界面

7.6.4　参考程序

```
/ * * * * * * * * * * * * * *
音乐：上海滩
* * * * * * * * * * * * * * * * * * * /
# include <stdio. h>
# include " ingenious. h"
void main（）
{
    Music（250，329.6）；
    Music（250，391.9）；
```

```
Music (1500, 440.0);
Music (250, 329.6);
Music (250, 391.9);
Music (1500, 293.6);
Music (250, 329.6);
Music (250, 391.9);
Music (250, 440.0);
Music (500, 523.2);
Music (250, 440.0);
Music (500, 391.9);
Music (250, 261.6);
Music (250, 329.6);
Music (1500, 293.6);
Music (250, 293.6);
Music (250, 329.6);
Music (1500, 391.9);
Music (250, 293.6);
Music (250, 329.6);
Music (250, 329.6);
Music (250, 220.0);
Music (1000, 220.0);
Music (250, 220.0);
Music (250, 261.6);
Music (750, 293.6);
Music (250, 329.6);
Music (250, 293.6);
Music (250, 246.9);
Music (250, 220.0);
Music (250, 261.6);
Music (1500, 196.0);
Music (250, 329.6);
Music (250, 391.9);
Music (1500, 440.0);
Music (250, 329.6);
Music (250, 391.9);
Music (1500, 293.6);
Music (250, 329.6);
Music (250, 391.9);
Music (250, 440.0);
Music (500, 523.2);
```

```
    Music (250, 440.0);
    Music (250, 391.9);
    Music (500, 261.6);
    Music (250, 329.6);
    Music (1500, 293.6);
}
```

7.7　实训 7：基于碰撞开关的避障机器人

7.7.1　实训目的

1）了解碰撞开关的基本原理。

2）编写基于碰撞开关的避障程序。

7.7.2　实训设备

1）带串口计算机一台。

2）MT-U 智能机器人一台。

3）下载线一根。

7.7.3　实训内容及步骤

为弥补红外线传感器带来的盲区，在机器人的前后都加有碰撞环，在碰撞环的后面加有碰撞开关。碰撞开关的分布图如图 7-26 所示，大学版智能机器人的前、左前、右前设置有三个碰撞开关（常开），它们与碰撞环共同构成了碰撞传感器（见图 7-27），可以通过扩展在机器人的后、左后、右后设置三个碰撞开关。碰撞环与底盘柔性连接，在受力后与底盘产生相对位移，触发固连在底盘上相应的碰撞开关，使之闭合。

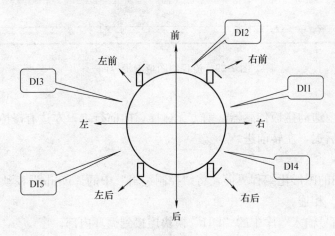

图 7-26　碰撞开关的分布图

碰撞开关的原理如图 7-28 所示。

在流程图环境中，编写一个碰撞检测程序，来理解如何在程序中使用碰撞开关。流程图图形编辑界面如图 7-29 所示。

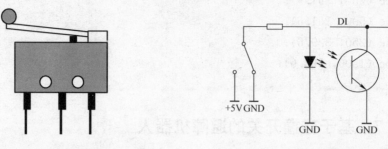

图 7-27　碰撞传感器　　　　　　　　　　　　图 7-28　碰撞开关原理图

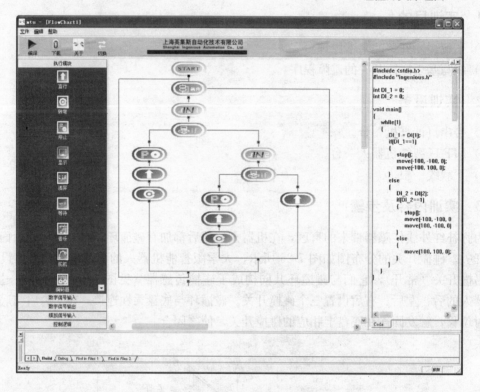

图 7-29　流程图图形编辑界面

程序思想：

本程序只检测前边的碰撞传感器，前方无碰撞，向前行走；左边有碰撞，后退，右转前进；右边有碰撞，后退，左转前进。

编写步骤如下：

1）进入流程图的图形化编程界面，将"控制逻辑"中的"while"模块拖入到流程图生成区并与"主程序"相连。

2）将"数字信号输入"库中的"DI1"模块连接到循环内部。

3）将"控制逻辑"中的"if"模块连接到循环内部。

4）用鼠标右键单击"if"模块，打开属性对话框，先清空表达式中的内容，将左值设置为"DI_1"，运算符设置为"＝＝"，右值设置为"1"（1表示碰撞开关闭合），单击"添加与条件"或者"添加或条件"按钮，然后单击"确定"按钮退出属性设置对话框。

5）将"执行模块"中的"停止、转弯、直行"模块连接到 if 的一个分支中。

6）单击鼠标右键设置"直行"模块，设置速度（正值：向前行走，负值：向后行走，范围：−1000～＋1000）。

7）在 if 的另外一个分支中加入 DI2 检测到碰撞、未检测到碰撞的情况。

8）完成碰撞检测程序的编写，编译下载并运行此程序。

上面我们使用的是流程图的图形编程方式编写的程序，如果用 C 语言编写以上的程序，打开并选择 C 语言界面，输入图右边所显示的代码，然后编译、下载、运行。

7.7.4 参考程序

```c
#include <stdio. h>
#include " ingenious. h"
int DI_1 = 0;
int DI_2 = 0;
void main ()
{
    while (1)
    {
        DI_1 = DI (1);
        if (DI_1==1)
        {
            stop ();
            move (−100, −100, 0);
            move (−100, 100, 0);
        }
        else
        {
            DI_2 = DI (2);
            if (DI_2==1)
            {
                stop ();
                move (−100, −100, 0);
                move (100, −100, 0);
            }
            else
            {
                move (100, 100, 0);
            }
        }
    }
}
```

7.8　实训 8：跟人走机器人

7.8.1　实训目的

1）了解 PSD 的原理，学会使用 PSD。
2）了解跟人走的实现方法。

7.8.2　实训设备

1）带串口计算机一台。
2）MT-U 智能机器人一台。
3）下载线一根。
4）PSD 传感器一个。

7.8.3　实训内容及步骤

1．实训原理

位置传感器（PSD 传感器）是一种光电测距器件。PSD 基于非均匀半导体的"横向光电效应"达到器件对入射光或粒子位置敏感。PSD 由四部分组成：PSD 传感器、电子处理元件、半导体激光源、支架（固定 PSD 光传感器与激光光源相对位置）。PSD 的主要特点是位置分辨率高、响应速度快、光谱响应范围宽、可靠性高、处理电路简单、光敏面内无盲区，可同时检测位置的光强，测量结果与光斑尺寸和形状无关。由于其具有特有的性能，因而能获得目标位置连续变化的信号，从而使它在位置位移、距离、角度及其相关量的检测中获得越来越广泛的应用。

PSD 的有效距离范围为 8～80cm，模拟量输出接在机器人的 A-D 口上，它可以实现在有效范围内的精确测距。

2．实训步骤

1）安装 PSD 传感器。传感器的安装方式可根据环境的需要而改变，但基本的安装方式（安装时需要将机器人的传感器支架拆掉）如图 7-30。

图 7-30　PSD 传感器安装图

当然，用户可根据需要安装一个或两个传感器。
2）使用下面的程序测定 PSD 与前方障碍物不同距离时所读出的数值并记录。

```
#include <stdio. h>
#include " ingenious. h"
int AD_1 = 0;
int AD_2 = 0;
int AD_3 = 0;
void main ()
{
    while (1)
    {
        AD_1 = AD (1);
        AD_2 = AD (2);
        AD_3 = AD (3);
        Mprintf (1," ad1=%d", AD_1);
        Mprintf (7," ad2=%d", AD_2);
        Mprintf (7," ad3=%d", AD_3);
    }
}
```

3）程序编写与趋光程序基本相似，程序流程图如图 7-31 所示。

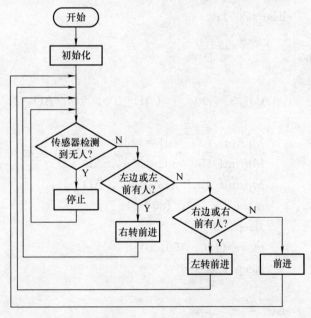

图 7-31　程序流程图

7.8.4　参考程序

```
#include <stdio. h>
#include " ingenious. h"
int AD_1 = 0;
```

```c
int AD_2 = 0;
int AD_3 = 0;
void main ()
{
    while (1)
    {
        AD_1 = AD (1);
        AD_2 = AD (2);
        AD_3 = AD (3);
        if (AD_1>300 || AD_2>300 || AD_3>300)
        {
            if (AD_1>300 || (AD_1>300&&AD_2>300))
            {
                Mprintf (3," ad1=%d", AD_1);
                Mprintf (5," ad2=%d", AD_2);
                Mprintf (7," ad3=%d", AD_3);
                move (180, -100, 0);
                sleep (100);
                move (150, 150, 0);
                sleep (200);
            }
            else
            {
                if (AD_3>300 || (AD_3>300&&AD_2>300))
                {
                    Mprintf (3," ad1=%d", AD_1);
                    Mprintf (5," ad2=%d", AD_2);
                    Mprintf (7," ad3=%d", AD_3);
                    move (-100, 180, 0);
                    sleep (100);
                    move (150, 150, 0);
                    sleep (200);
                }
                else
                {
                    Mprintf (3," ad1=%d", AD_1);
                    Mprintf (5," ad2=%d", AD_2);
                    Mprintf (7," ad3=%d", AD_3);
                    move (160, 160, 0);
                }
```

```
            }
        }
        else
        {
            Mprintf (3," ad1＝％d", AD＿1);
            Mprintf (5," ad2＝％d", AD＿2);
            Mprintf (7," ad3＝％d", AD＿3);
            move (0，0，0);
        }
    }
}
```

7.9　实训 9：声控机器人

7.9.1　实训目的

1）了解大学版机器人的系统资源。
2）熟悉典型音频放大电路。
3）编写声音控制程序。

7.9.2　实训设备

1）带串口计算机一台。
2）MT-U 智能机器人一台。
3）下载线一根。

7.9.3　实训内容及步骤

在机器人本体上有一个声音输入传感器，也就是传声器。它能辨别外界环境中声音振动的强弱，传声器将外界声音强弱转化为大小变化的电信号，但它只能辨识声音的强弱而不能进行语音识别。变化的电信号经过音频放大芯片 LM386 放大输入到控制器的 A-D 接口，控制器的 A-D 转换器将模拟量转化为数字量，这样就可以通过声音的强度来控制机器人的起动和停止。

实训电路原理图如图 7-32 所示。

7.9.4　参考程序

传声器接在 A-D 转换接口的第 9 个接口上，AD（9）为读 AD9 接口模-数转换后的数字量。参考程序实现的功能是：机器人静止时，当传声器采集到外界振动大于 300（这里的 300 指的是 A-D 转换后的数字量，对应传声器输出的一个电压数值）时，机器人向前运动。机器人运动时，当传声器读到数值大于 300 时，机器人停止。

程序流程图如图 7-33 所示。

参考程序如下：

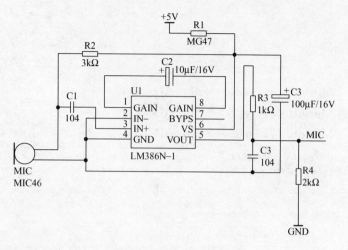

图 7-32　实训电路原理图

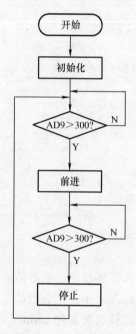

图 7-33　程序流程图

```
#include <stdio. h>
#include " ingenious. h"
int AD _ 9 = 0;
void main ( )
{
    while (1)
    {
        AD _ 9 = AD (9);
        while (AD _ 9<300)
        {
```

```
            AD _ 9 = AD (9);
        }
        move (200, 200, 0);
        sleep (2000);
        AD _ 9 = AD (9);
        while (AD _ 9＜300)
        {
            AD _ 9 = AD (9);
        }
        stop ();
        sleep (200);
    }
}
```

7.10　实训 10：跟踪火源的机器人

7.10.1　实训目的

1）熟悉火焰探测传感器的基本原理。

2）掌握趋光程序的编写。

7.10.2　实训设备

1）带串口计算机一台。

2）MT-U 智能机器人一台。

3）下载线一根。

7.10.3　实训内容及步骤

1. 实训叙述

在机器人的本体上有两个远红外线传感器，可以作为火焰探测传感器。当传感器探测到火焰时，经 AD 采样到的数字量将会变大。根据不同方向的传感器返回的数值来确定光位置和热源位置。用户可以通过调节电位器来调节远红外线传感器的灵敏度，检测距离范围为 0～1m。

具体实训内容参见本书 4.2.2 节。

2. 实训步骤

1）首先要校准传感器，对于相同环境下，调节可变电阻使传感器数值基本相同。

2）测出火焰离传感器不同距离时的数值，并做记录。

3）编写程序，可以通过读入传感器数值来确定离火焰的远近，从而确定机器人所要采取的动作。当火焰很远时机器人朝火焰方向运动，当与火焰靠很近时机器人停止，当光源移动时机器人将随光移动。

4）编译下载。

7.10.4　参考程序

1. **程序说明**

机器人依靠传感器支架上的远红外线传感器来探测火焰的位置。在程序下载到机器人中后，首先要做的是传感器校准，两个传感器处在相同环境下时（把点燃的蜡烛放在相对两个传感器中间的位置，如图 7-34 所示），通过调节传感器上的可变电阻，将数值调整到基本一致。可变电阻在传感器电路板背面，用十字螺钉旋具调节。

图 7-34　点燃的蜡烛放在相对两个传感器中间的位置

2. **程序框图**

图 7-35 是一个典型的控制结构示意图，机器人寻找火源的过程是一个"感觉—规划—动作"的过程，它是模仿了人的决策和行动的一般过程。程序首先读两个传感器的数值，对读得的数值进行判断、对比，根据判断、对比后的结果和机器人要实现的目标功能做出相应的任务规划，任务执行模块接收到运行指令后做出相应的动作。

图 7-35　程序框图

3. **参考程序**

```c
#include <stdio.h>
#include "ingenious.h"
int AD2=0;
int AD3=0;
void main ()
{
    while (1)
    {
        AD2=AD (2);
        AD3=AD (3);
```

```
    if（AD2>>200‖AD3>>200）
    {
        if（AD2-AD3>50）
        {
            move（180，230，0）;
        }
        else if（AD2-AD3>50）
        {
            move（180，230，0）;
        }
        else if（AD2>700&&AD3>700）
        {
            stop（）;
        }
        else
        {
            move（200，200，0）;
        }
    }
    else
    {
        stop（）;
    }
}
```

7.11　实训 11：编码器的使用

7.11.1　实训目的

1）掌握增量式编码器的使用。

2）用编码器做一个简单的闭环控制。

7.11.2　实训设备

1）带串口计算机一台。

2）MT-U 智能机器人一台。

3）下载线一根。

7.11.3　实训内容及步骤

开环控制系统是一个单向的系统，在输出量和输入量之间没有联系，当受到外界扰动时，输出量容易产生偏差，而开环控制系统本身是无法消除这个偏差的。要想消除偏差，就必须采取措施，消除或减弱由于扰动带来的影响。在以速度量传递的系统中，构成基本闭环的两个条件是：其一，对转速进行测量、判断（即比较）；其二，把输出量与输入量联系起来。在机器人系统中，安装满足这两个条件编码器是一个不错的选择，因此在 MT-U 智能机器人上两个驱动轮的轮胎上各安装了一个码盘。

闭环控制系统框图如图 7-36 所示。

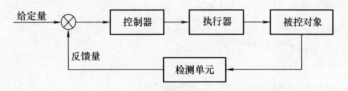

图 7-36　闭环控制系统框图

在 MT-U 大学版机器人上，在轮子的两侧分别各有一对光电编码器。光电编码器由光耦合器和码盘组成，其原理参见本书 4.2.5 节。

7.11.4　参考程序

1. 程序说明

通过光电编码器，从码盘读到的是脉冲数值，在 ingenious 的函数库中有以下几个关于编码器的函数：

Lencode _ init ()：左编码器初始化。

Rencode _ init ()：右编码器初始化。

unsigned long Lencode _ cap ()：返回值为左编码器计数值。

unsigned long Rencode _ cap ()：返回值为右编码器计数值。

Lencode _ zero ()：左编码器计数值清零。

Rencode _ zero ()：右编码器计数值清零。

Langel _ encodeinit ()：左角度编码器初始化。

Rangel _ encodeinit ()：右角度编码器初始化。

int Langel _ encodecap ()：返回值为左角度编码器计数值。

int Rangel _ encodecap ()：返回值为右角度编码器计数值。

Langel _ encodezero ()：左角度编码器计数值清零。

Rangel _ encodezero ()：右角度编码器计数值清零。

2. 流程图

本例给出的是读出脉冲个数的程序。请读者参考此例程，自行完成一个基本的闭环程序，根据读出的脉冲个数做出相应的控制动作。

3. 源程序代码

```
#include <stdio. h>
#include " ingenious. h"
int temp1＝0，temp2＝0，xspeed＝0，yspeed＝0，temp3＝0，temp4＝0，x1＝0，y1＝0，i1＝0，i2，i3＝2；
```

```
void main ()
{
    x1＝y1＝20;
    i1＝0;
    Clr _ Screen ();
    Langel _ encodeinit (); /＊ 左编码器初始化 ＊/
    Rangel _ encodeinit (); /＊ 右编码器初始化 ＊/
    Langel _ encodezero (); /＊左编码器计数器清零＊/
    Rangel _ encodezero (); /＊右编码器计数器清零＊/
    while (1)
    {
        temp1＝Langel _ encodecap ();
        temp2＝Rangel _ encodecap ();
        move (200, 200, 0);
        Clr _ Screen ();
        Mprintf (1," LC－%d", temp1);
        Mprintf (3," RC＝%d", temp2);
        Mprintf (5," LV＝%d", xspeed);
        Mprintf (7," RV＝%d", yspeed);
    }
}
```

7.12　实训 12：寻迹机器人

7.12.1　实训目的

1) 掌握光敏二极管的工作原理，并掌握其在寻迹过程中的使用方式。
2) 了解模拟量到数字量转换的原理，并直观地观察转换结果。
3) 检测学生对 C 语言中条件判断语句的掌握情况。
4) 使学生熟练掌握光敏二极管的调试方法。

7.12.2　实训设备

1) 带串口计算机一台。
2) MT-U 智能机器人一台。
3) 下载线一根。

7.12.3　实训内容及步骤

能够自主运行的机器人系统需要有自己的视觉系统来导航，智能寻迹机器人就是以一条引导线作为它的前进导向轨迹。引导线的反光度往往与地面的反光度有较大的差别，机器人上的光敏二极管就能利用其反光度的不同检测到引导线，并将检测的结果反馈到机器人的控制中心，控制中心通过对检测结果的分析获得机器人相对引导线的位置，就可以向驱动部分发出动作指令，通过调整机器人与引导线的相对位置，使机器人总是循着引导线前进。

如图 7-37 所示，寻迹传感器是一对光敏二极管，其中一个是发射管，另一个是接收管。当发射光照射到不同颜色物体上时所吸收的光强度不一样，导致反射光强度也不一样，这样接收管对不同颜色接收的光强度也不一样。

图 7-37　寻迹传感器

需要注意的是，随着外界光照环境的变化，物体对同样强度红外光的反射能力有较大的差别，为了不影响实训的效果，我们可以通过改变光敏二极管电路板上的电位器值来调节发射红外线的强度，从而降低环境变化对实训过程的影响。

智能寻迹技术是一个比较热门的应用研究，它是一个平台，可以用来对我们的硬件和软件设施进行检测。现在各个高校学生广泛参与的一个项目就是飞思卡尔智能车竞赛，比赛时，组委会提供统一的跑道，各个参赛队自己制作参赛用的小车，能最快到达终点并不越界的小车才有好的成绩。

我们这里提供的例子相当于比赛的简化版，在智能机器人的底部安装两个（或三个）光敏二极管，就制成了智能寻迹机器人，跑道为白色地面上粘贴的黑色胶带（跑道的关键要求是：跑道和地面之间的反光度要有较大的差别）。

1. 传感器的安装

要合理安装传感器，根据黑线宽度来确定两个传感器之间的距离，传感器的最佳距离为正好等于或者大于黑线的宽度。向两种不同版本的机器人上安装传感器时，有不同的安装方式，如图 7-38 所示。

图 7-38　传感器安装图

2. 传感器的校准

两个传感器对相同颜色测量出来的数值要基本一致，可通过调节可变电阻实现。

3. 编写程序

参考源程序编写程序，基本策略是左边传感器检测到黑线右转，右边传感器检测到黑线左转，当没有检测到黑线时直走。

4. 验证

将机器人放在线上，寻迹传感器应正好在黑线的两侧。

7.12.4　参考程序

```
#include <stdio. h>
#include " ingenious. h"
int AD _ 7 = 0;
int AD _ 8 = 0;
void main ()
{
    while (1)
    {
        AD _ 7 = AD (7);
        AD _ 8 = AD (8);
        Mprintf (1," AD7=%d", AD _ 7);
        Mprintf (7," AD8=%d", AD _ 8);
        if (AD _ 7>600)
        {
            move (70, 170, 0);
        }
        else
        {
            if (AD _ 8>630)
            {
                move (200, 70, 0);
            }
            else
            {
                move (100, 100, 0);
            }
        }
    }
}
```

7.13　实训 13：寻找光源的智能机器人

7.13.1　实训目的

1）掌握光敏传感器的工作原理和使用方式。

2）学习 A-D 转换的工作原理。

3）区别模拟量与数字量处理方式的不同。

7.13.2 实训设备

1）带串口计算机一台。

2）MT-U 智能机器人一台。

3）下载线一根。

7.13.3 实训内容及步骤

1. 项目总述

在 MT-U 大学版智能机器人前端安装有光敏传感器，如图 7-39 所示。

图 7-39　MT-U 大学版智能机器人前端光敏传感器分布图

光敏传感器实际上是一个光敏电阻，光敏电阻的放大图如 4-16b 所示。

光敏传感器是一种对特定波长光照敏感的电阻。光敏电阻广泛应用于各种自动控制电路（如自动照明灯控制电路、自动报警电路）、家用电器（如电视机中的亮度自动调节、照相机的自动曝光控制等）及各种测量仪器中。光敏电阻在光照下产生载流子，经外加电场作用形成漂移运动，电子和空穴分别向电源正极和负极移动参与导电，从而使电阻值下降。阻值受温度影响较大，一般低温下敏感度较高，高温下敏感度较低。光敏电阻通常由光敏层、玻璃基片（或树脂防潮膜）和电极组成，常用的制作材料为硫化镉（CdS），用此材料做成的光敏电阻感受光的波段和人眼相近。

本项目的工作原理为：当机器人周围的环境光有亮暗分布时，光敏传感器就能够感知外界光强，当光照较强时传感器的阻值就会变小，阻值的变化被反映到机器人的控制中心。在机器人的内部，外界模拟量阻值的变化范围被转化为 0～1023 的数字量，控制中心通过对转化值的分析，判断外界的光照强度，从而按照编程者预先设定的思路采取下一步动作。

2. 程序举例

程序思想：将智能机器人放在一个光照相对比较均匀的环境中，在智能机器人的前端左右方各有一个光敏传感器，在同一光照环境中，两个传感器的显示值应该为同一值。在开机后若两显示值不同，则应该通过调节传感器后面的两个电位器令其显示相同的值。调节好后记录下传感器在普通光照下的值，然后用一只手遮住左边传感器的进光口，记录此时的显示值。右边的传感器用相同的方式记录数据。

编程思路：在普通光照下小车直线前进，当有一方传感器的进光口被遮住时，小车倒退2s，停下，向相反方向转弯前进。

3. 程序流程图

程序流程图如图 7-40 所示。

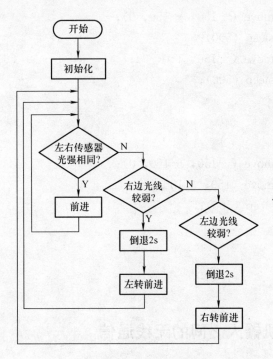

图 7-40　程序流程图

7.13.4　参考程序

```
#include <stdio. h>
#include " ingenious. h"
int AD_1 = 0;
int AD_4 = 0;
void main ()
{
    while (1)
    {
        AD_1 = AD (1);
        AD_4 = AD (4);
        Mprintf (1," adl=%d", AD_1); //在液晶屏第三行显示 AD1 的值
        Mprintf (7," ad4=%d", AD_4);
        if (AD_1<500 && AD_4<500)
        {
            move (150, 150, 0);
        }
        else
        {
            if (AD_1>500)
            {
```

```
            move (-150, -150, 0);
            sleep (500);
            move (-150, 150, 0);
            sleep (500);
        }
        else
        {
            move (-150, -150, 0);
            move (150, -150, 0);
            sleep (500);
        }
    }
}
}
```

7.14 实训 14: 机器人之间的无线通信

7.14.1 实训目的

1) 掌握无线通信模块的使用。
2) 实现机器人之间的通信。

7.14.2 实训设备

1) 带串口计算机一台。
2) MT-U 智能机器人一台。
3) 下载线一根。

7.14.3 实训内容及步骤

1. 综合叙述

大学版机器人配备的无线通信模块使机器人间能够进行信息交互, 可用于进行群体机器人的研究和机器人的远程无线控制。

2. 无线通信模块的特点以及通信协议

无线通信模块的通信信道是半双工的, 最适合点对多点的通信方式, 这种方式首先需要设一个主站, 其余为从站, 所有站都编一个唯一的地址。通信的协调完全由主站控制, 主站采用带地址码的数据帧发送数据或命令, 从站全部都接收, 并将接收到的地址码与本地地址码比较。若地址码不同, 则将数据全部丢掉, 不做任何响应; 若地址码相同, 则证明数据是给本地的, 从站根据传过来的数据或命令进行不同的响应, 将响应的数据发送回去。这些工作都需要上层协议来完成, 并可保证在任何一个瞬间, 通信网中只有一个电台处于发送状态, 以免相互干扰。

无线通信模块也可以用于点对点通信, 使用更加简单, 在对串口进行编程时, 只要记住其为半双工通信方式，时刻注意收发的来回时序就可以了。

通信模块的指标：

1）采用微功率发射，最大发射功率为 10mW。

2）在 ISM 频段，无须申请频点，载频频率为 433MHz。

3）具有高抗干扰能力和低误码率。基于 FSK 的调制方式，采用高效前向纠错信道编码技术，提高了数据抗突发干扰和随机干扰的能力。在信道误码率为 10^{-2} 时，可得到实际误码率 $10^{-5} \sim 10^{-6}$。

4）传输距离：在干扰较少的情况下，模块天线的安装位置离地面高度大于 2m 时，可靠传输距离大于 100m。

5）电源：使用直流电源，电压为 3.6～5.0V，可以与其他设备共用电源，但注意要选择纹波系数好的电源，如果有条件的话，可采用＋5V 稳压芯片单独供电。另外，系统设备中若有其他设备，则需可靠接地。若没有条件可靠接入大地，则可自成一地，但必须与市电完全隔离。

FSK 调制原理参见 7.5 节实训 5 相关介绍。

7.14.4　参考程序

程序功能：三台机器人间的通信。

1. 三台机器人的数据传输过程

在例程中一共有三个程序，三台机器人各下载一个程序，其中一台下载 Serial_main.c 程序，该机器人为通信主机，其余两台机器人分别下载 Serial_2.c、Serial_3.c 程序，为通信从机。

1）Serial_main.c 机器人的程序框架图如图 7-41 所示。

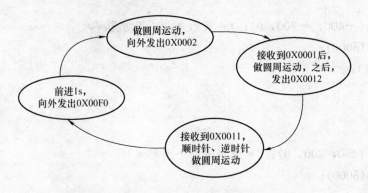

图 7-41　Serial_main.c 机器人的程序框架图

2）Serial_2.c 机器人的程序框架图如图 7-42 所示。

3）Serial_3.c 机器人的程序框架图如图 7-43 所示。

2. 源程序

1）Serial_main.c 机器人的源程序如下：

```
#include "ingenious.h"
unsigned int receivedata=0;
int a = 0;
```

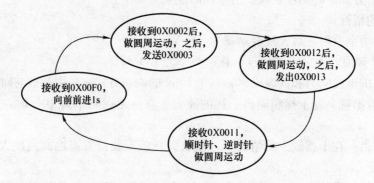

图 7-42   Serial_2.c 机器人的程序框架图

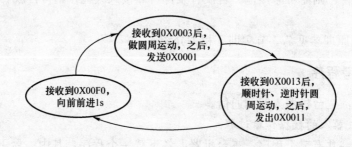

图 7-43   Serial_3.c 机器人的程序框架图

```
void zhengfang（）/＊走一个正方形＊/
{
    move（－400，－200，0）；/＊演示走一个正方形＊/
    sleep（5000）；
    stop（）；
}
void yuan（）
{
    move（400，200，0）；/＊演示走一个圆形＊/
    sleep（5000）；
    stop（）；
}
void main（）
{
    int i ＝ 0；
    while（1）
    {
        receivedata ＝ serial_receive（2）；
        if（a＝＝0）
```

```
        {
            move (200, 195, 0); /*先往前走 2s*/
            sleep (2000);
            stop (); /*停 2s*/
            serial_send (2, 0x00f0); /*命令其他机器人前进 1s*/
            sleep (2000);
            zhengfang ();
            serial_send (2, 0x0002); /*命令 2 号机走圆*/
            a += 1;
        }
        if (receivedata == 0x0001) /*等待 3 号机走完正方形后走圆*/
        {
            yuan ();
            serial_send (2, 0x0012); /*命令 3 号机走圆形*/
        }
        if (receivedata == 0x0011) /*等待 3 号机走完圆后一起走圆*/
        {
            zhengfang ();
            sleep (1000);
            yuan ();
            a=0; /*从头开始*/
        }
    }
}
```

2）Serial_2.c 机器人的源程序如下：

```
#include <stdio. h>
#include " ingenious. h"
unsigned int receivedata=0;
int a = 1;
void zhengfang ()
{
    move (-400, -200, 0); /*演示走一个正方形*/
    sleep (5000);
    stop ();
}
void yuan ()
{
    move (400, 200, 0); /*演示走一个圆形*/
    sleep (5000);
```

```
        stop ();
    }
void main ()
{
    while (1)
    {
        receivedata = serial _ receive (2);
        if (receivedata == 0x00f0) /* 一齐前进 1s */
        {
            move (200, 200, 0);
            sleep (1000);
            stop ();
        }
        if (receivedata == 0x0002)
        {
            zhengfang ();
            serial _ send (2, 0x0003); /* 通知 3 号机走正方形 */
        }
        if (receivedata == 0x0012)
        {
            yuan ();
            serial _ send (2, 0x0013); /* 通知 3 号机走圆形 */
        }
        if (receivedata == 0x0011)
        {
            zhengfang ();
            sleep (1000);
            yuan ();
            a=0; /* 从头开始 */
        }
    }
}
```

3）Serial _ 3. c 机器人的源程序如下：

```
# include <stdio. h>
# include " ingenious. h"
unsigned int receivedata=0;
int a = 1;
void zhengfang ()
{
```

```
    move（-400，-200，0）;/*演示走一个正方形*/
    sleep（5000）;
    stop（）;
}
void yuan（）
{
    move（400，200，0）;/*演示走一个圆形*/
    sleep（5000）;
    stop（）;
}
void main（）
{
    while（1）
    {
        receivedata ＝ serial_receive（2）;
        if（receivedata ＝＝ 0x00f0）/*一齐前进1s*/
        {
            move（200，200，0）;
            sleep（1000）;
            stop（）;
        }
        if（receivedata ＝＝ 0x0003）
        {
            zhengfang（）;
            serial_send（2，0x0004）;/*通知4号机走正方形*/
            serial_send（2，0x0001）;
        }
        if（receivedata ＝＝ 0x0013）
        {
            yuan（）;
            serial_send（2，0x0014）;/*通知4号机走圆形*/
            serial_send（2，0x0011）;
            zhengfang（）;
            sleep（1000）;
            yuan（）;
        }
        if（receivedata ＝＝ 0x0011）
        {
            zhengfang（）;
            sleep（1000）;
```

```
            yuan ();
        }
    }
}
```

7.15   实训15：野外探险机器人

7.15.1   实训目的

1）了解图像采集、图像处理的基本知识。
2）完成图像处理的上位机程序编写。
3）实现机器人的远距离遥控。

7.15.2   实训设备

1）带串口计算机一台。
2）MT-U智能机器人一台。
3）下载线一根。
4）无线摄像头一个。
5）视频捕捉卡一个。
6）图像接收器一个。
7）无线通信模块一个。

7.15.3   实训内容及步骤

1. 综合描述

野外探险机器人主要完成的功能是：机器人通过无线摄像头实时采集环境图像传回计算机，通过接收来自计算机的控制命令并根据命令做出相应的动作或者是自主运动。系统构成框图如图7-44所示。

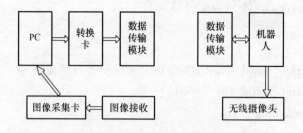

图7-44   系统构成框图

上位机上安装了微功率无线通信模块，上位机的控制信号是通过微功率无线通信模块进行传输的，其原理与美国的火星探险机器人"勇气"号类似。机器人既能自主运动，也能通过上位机的人机交互方式进行控制。

2. 上、下位机程序的编写

上位机主要包括两个程序模块，一个是无线视频的采集和处理模块，另一个是人机交互模块。程序由 VC 进行编写，界面如图 7-45 所示。

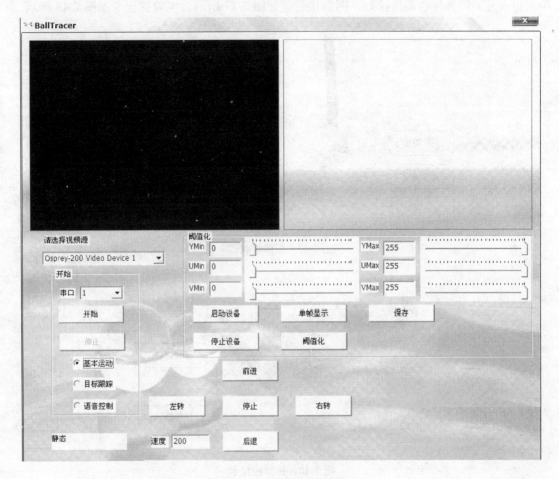

图 7-45　上位机界面图

3. 硬件安装

1) 先在机器人上安装好摄像头，机器人安装摄像头后如图 7-46 所示。

图 7-46　机器人安装摄像头

2）视频捕捉卡安装在计算机主板的 PCI 插槽上后，安装驱动程序。用音频/视频线连接捕捉卡并与图像接收器连接好。图像接收器如图 7-47 所示，视频捕捉卡如图 7-48 所示。

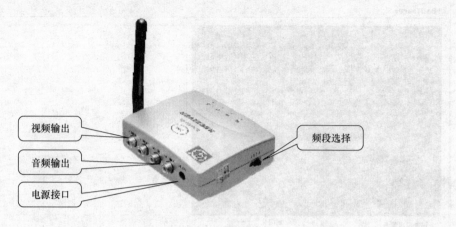

视频输出

音频输出

电源接口

频段选择

图 7-47　图像接收器

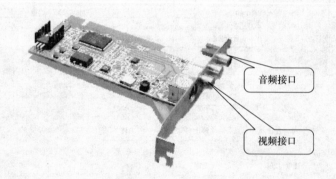

音频接口

视频接口

图 7-48　视频捕捉卡

图像接收器上有四个波段选择开关，可以选择 2.414GHz、2.432GHz、2.450GHz 及 2.468GHz。图像接收器的功率小于 2W，具有两路音频输出、两路视频输出，工作电压为 DC12V。接 PC 端的微功率无线通信模块如图 7-49 所示，这个模块的详细介绍请参照实训 5（关于机器人间的无线通信项目），用下载线连接计算机的串口与通信模块的通信口，电源接口接大学版机器人充电器。

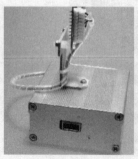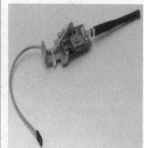

图 7-49　微功率无线通信模块

7.15.4　参考程序

1. 下位机程序说明

在例程中，下位机机器人中没有图像处理部分，因为无线摄像头基本上与机器人处理器是相对独立的，所以在机器人的程序中不涉及与图像的采集和处理相关的问题。下位机只是接收上位机的指令执行相应的动作，实际上这部分实现的是 PC 遥控小机器人的功能，机器人的遥控是通过软件控制的，操作界面如图 7-50 所示。

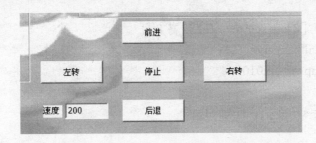

图 7-50　计算机控制机器人的操作界面

2. 下位机程序

```c
#include <stdio. h>
#include " ingenious. h"
int ReceiveBuf [7] = {0, 0, 0, 0, 0, 0, 0};
int xDif=0, yDif=0, TypeSel=0;
static int xDif1=0, yDif1=0;
void ball _ position _ get ()
{
    int temp=0;
    temp=serial _ receive (1);
    while (temp==0x0100)
    {
        temp=serial _ receive (1);
    }
    ReceiveBuf [0] =temp; //类型选择: 0 为基本运动, 1 为目标跟踪, 2 为语音控制
    temp=serial _ receive (1);
    while (temp==0x0100)
    {
        temp=serial _ receive (1);
    }
    ReceiveBuf [1] =temp; //xDif 符号位: 0x01 为正, 0x09 为负
    temp=serial _ receive (1);
    while (temp==0x0100)
    {
```

```
        temp=serial_receive (1);
    }
    ReceiveBuf [2] =temp; //yDif 符号位：0x02 为正，OxOA 为负
    temp=serial_receive (1);
    while (temp==0x0100)
    {
        temp=serial_receive (1);
    }
    ReceiveBuf [3] =temp; //xDif 高 8 位
    temp=serial_receive (1);
    while (temp==0x0100)
    {
        temp=serial_receive (1);
    }
    ReceiveBuf [4] =temp; //xDif 低 8 位
    temp=serial_receive (1);
    while (temp==0x0100)
    {
        temp=serial_receive (1);
    }
    ReceiveBuf [5] =temp; //yDif 高 8 位
    temp=serial_receive (1);
    while (temp==0x0100)
    {
        temp=serial_receive (1);
    }
    ReceiveBuf [6] =temp; //yDif 低 8 位
    TypeSel=ReceiveBuf [0];
    if ( (ReceiveBuf [1]) ==0x01)
    {
        xDif= ( (ReceiveBuf [3] &0x00FF) <<8) | (ReceiveBuf [4] &0x00FF);
    }
    if (ReceiveBuf [1] ==0x09)
    {
        xDif=- ( ( (ReceiveBuf [3] &0x00FF) <<8) | (ReceiveBuf [4] &0x00FF));
    }
    if (ReceiveBuf [2] ==0x02)
    {
        yDif= ( (ReceiveBuf [5] &0x00FF) <<8) | (ReceiveBuf [6] &0x00FF);
    }
```

```
    if (ReceiveBuf [2] ==0x0A)
    {
        yDif=- ( ( (ReceiveBuf [5] &0x00FF) <<8) | (ReceiveBuf [6] &0x00FF));
    }
}
void move _ control ()
{
    if (TypeSel==0 | | TypeSel==2)
    {
        move (xDif, yDif, 0); //TypeSel==0 或 TypeSel==2 时, xDif 为左轮速
                              //yDif 为右轮速
    }
    else if (TypeSel==1) //TypeSel 为 1 时, xDif 为目标物体中心坐标 x 值
                         //yDif 为目标物体中心坐标 y 值
    {
        if (xDif== 160) //xDif 为 160 时表示没有看见球
        {
            if (xDif1>=0)
            {
                move (170, -170, 0);
            }
            else if (xDif1<0)
            {
                move (-170, 170, 0);
            }
        }
        else
        {
            if (xDif1>150&& xDif1<160)
            {
                move (170, -170, 0);
            }
            else if (xDif1<-150&& xDif1>=-160)
            {
                move (-170, 170, 0);
            }
            else if (xDif1>=-150&& xDif1<=150)
            {
                move (250, 250, 0);
            }
```

```
        }
        xDif1=xDif;
    }
}
void main ()
{
    serial _ init (9600);
    while (1)
    {
        int temp=0;
        temp=serial _ receive (1);
        while (temp==0x0100)
        {
            temp=serial _ receive (1);
        }
        if (temp==0xA5)
        {
            temp=serial _ receive (1);
            while (temp==0x0100)
            {
                temp=serial _ receive (1);
            }
            if (temp==0x5A)
            {
                ball _ position _ get ();
            }
        }
        Mprintf (1,"%d", TypeSel);
        Mprintf (3,"%d", xDif);
        Mprintf (5,"%d", yDif);
        move _ control ();
        Clr _ Screen ();
    }
}
```

7.16   实训 16：灭火机器人

7.16.1   实训目的

1）理解机器人走迷宫实现策略。

2）掌握传感器的综合应用。

7.16.2　实训设备

1）带串口计算机一台。

2）MT-U 智能机器人一台。

3）下载线一根。

4）灭火套件一套。

7.16.3　实训内容及步骤

1. 综合描述

智能机器人灭火比赛最早是由美国三一学院的杰克·门德尔逊（Jack Mendelsohn）等一批国际著名机器人学家发起创办的，比赛要求参赛机器人按照预先编排好的程序，通过传感器和超声波等探测设备对周围环境进行模拟分析、搜索，在"房间"里用最快的速度找到代表火源的蜡烛并将其扑灭，谁用时最短谁就获胜。目前，灭火比赛已发展成为世界上最为普及、最具影响力的智能机器人比赛。我们的 MT-U 智能机器人的灭火项目，强调竞技并注重对灭火竞赛所用到的灭火策略和传感器的学习。现今国际竞赛所用到的标准灭火场地如图 7-51 所示。

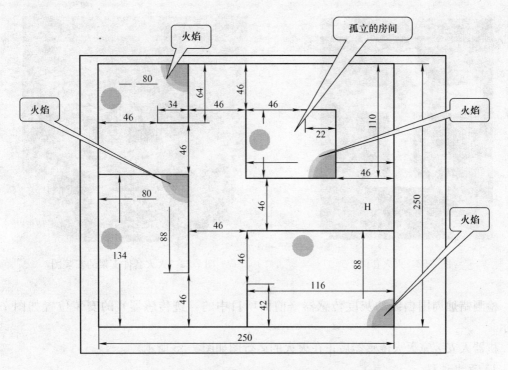

图 7-51　国际竞赛所用到的标准灭火场地示意图

图 7-60 中，红色为火焰，每个房间都将保留标识火源的白线，即在火焰的前面贴一条白色线。

灭火思路：首先寻找火源，发现火源后，确定火源的方位，接近火源，然后做出灭火动作，熄灭蜡烛。

实现的方法：首先是寻找火源。如果事先知道火源在哪个房间，可以通过走直线和转弯的方法直接进入房间灭火。如果事先并不知道火源在哪个房间，就要用走迷宫的方法，逐个房间进行寻找。走迷宫可以遵循左手法则或右手法则，一边走迷宫，一边检测火焰。接近蜡烛时，火焰传感器的返回值跟环境值有明显的区别，机器人以此来判断是否找到蜡烛。发现火源后，就要接近火源，当到达可灭火的范围后，就开始灭火。机器人是利用火焰传感器和地面灰度传感器（用于检测火焰周围白线）来判断距离火源的远近的。具体地说，就是利用正前方火焰传感器采集的火焰值的大小来驱使机器人靠近火源，然后通过左右两边的火焰返回值进行矫正，如左比右亮（火焰传感器返回值表现为左大于右），机器人向左前方移动；如右比左亮（火焰传感器返回值表现为右大于左），机器人向右前方移动。这样一边矫正一边前进，当正前方火焰值达到预定的值时，机器人停止前进，启动风扇开始灭火。

2. 传感器的安装

可根据需要对机器人做局部改装，MT-U 智能机器人专门配备了灭火套件，灭火套件如图 7-52 所示。

探测火焰的传感器与前面趋光项目的传感器是一样的，所以这里的火焰探测传感器也是接在 A-D 接口上的，在灭火项目中如果不考虑对那个孤立的房间进行处理时，这些传感器可以不用加，因为在机器人本体上已有两个传感器。

灭火套件支架的安装如图 7-53 所示。

图 7-52　灭火套件

图 7-53　灭火套件支架的安装图

检测蜡烛周围白线的灰度传感器（前面项目中的寻迹传感器）的安装位置如图 7-54 所示。

机器人安装完灭火传感器后正在灭火的运行图如图 7-55 所示。

3. 灭火过程

在项目描述中介绍过，灭火过程主要分为以下几个步骤：

1）寻找火焰。

2）找到火焰，调整机器人方位。

3）熄灭火焰。

（1）寻找火焰的策略　通过右手法则或者左手法则走迷宫的方法，对房间进行逐个搜

图 7-54　灰度传感器安装位置图

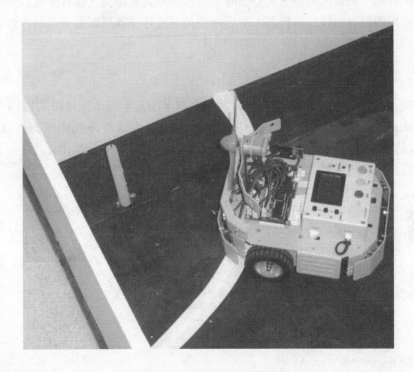

图 7-55　正在灭火的机器人

索。这里采用左手法则来走迷宫，所谓的左手法则就是机器人沿着左边的墙走。机器人依靠本体上的避障传感器来完成这个过程，把机器人右轮的速度设置得比左轮速度快，机器人肯定会运动到接近墙面如图 7-56 中 1 的位置，这时左边的红外测障传感器探测到障碍物（墙面，返回值为 0），机器人调整两轮的速度为左轮快右轮慢，运动到 2 位置时，测障传感器返回的值为 1，这时再调整机器人轮子的速度到前一个状态，即右轮速度快左轮速度慢。所以机器人沿墙走的路线是一条如图 7-56 所示的曲线。在遇到直角时，同样也是通过本体上中间和右侧的测障传感器来判断的。

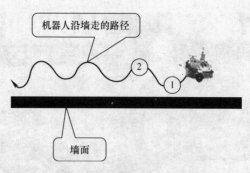

图 7-56　机器人寻找火焰沿墙走的路线

（2）发现火焰并调整机器人位置　当机器人找到点燃蜡烛的房间时，机器人要调整位置使灭火风扇正对火焰，根据两个远红外线传感器的数值来确定蜡烛位置。远红外线传感器在使用前首先要校正，即在相同的环境下调节传感器上的可变电阻，使得到的数字量相差不大，这样在判断火焰位置时两个传感器才有可比对性。

（3）熄灭火焰　机器人调整灭火姿态时也可以大致判断距离火源有多远，但为了不撞倒蜡烛，在火源周围贴有白线。当机器人靠近时通过寻迹传感器判断是否遇到白线，遇到白线则停下，启动风扇灭火。

7.16.4　参考程序

程序说明：程序的构成如图 7-57 所示，根据程序的基本构成图可以写成四个函数，根据传感器的状态，这几个函数被依次调用。AD2、AD3 为远红外线传感器接口，DO（5，0）为 DO 口的输出函数，参数 5 是指第 5 个数字输出接口，0 表示输出低电平。DO 口的输出电平能够直接驱动用来灭火的电动机。

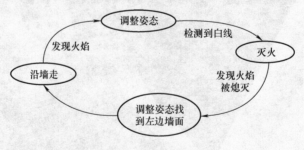

图 7-57　程序的构成图

源程序如下：

```
#include <stdio. h>
#include " ingenious. h"
int AD2 = 0;
int AD3 = 0;
int AD7 = 0;
int AD5 = 0;
int AD6 = 0;
int AD8 = 0;
```

```
int obsl = 0;
int obs2 = 0;
int obs3 = 0;
int obs4 = 0;
int DI3 = 0, DI2 = 0;
void adjust ();
void follow _ wall () ;
void M _ fire ();
void main ()
{
    while (1)
    {
        AD2=AD (2);
        AD7=AD (7);
        AD3=AD (3);
        AD8=AD (8);
        if ( (AD2<200) && (AD3<200) / * && (AD7 <280) * /)
        {
            follow _ wall ();
        }
        else
        {
            adjust ();
        }
    }
}
void follow _ wall ()
{
    obsl =IR _ CONTROL (6, 1);
    obs2 =IR _ CONTROL (6, 2);
    obs3 =IR _ CONTROL (6, 3);
    obs4 =IR _ CONTROL (1, 4);
    DI3=DI (3);
    DI2=DI (2);
    Mprintf (1," obsl=%d", obsl);
    Mprintf (1," obs2=%d", obs2);
    Mprintf (1," AD2=%d", AD2);
    Mprintf (1," AD3=%d", AD3);
    Mprintf (7," obs3=%d", obs3);
    Mprintf (7," obs4=%d", obs4);
```

```
    if (obs2==0)
    {
        move (200, -200, 0);
        sleep (50);
    }
    else
    {
        if (obs3==0/* || obs4==0 */)
        {
            move (250, 100, 0);
            sleep (50);
        }
        else
        if (obs3==0&&obs2==0/* &&obs4==0 */|| obs2==0/* ||
obs2&&obs4==0 || obs3&&obs4==0 */)
        {
            move (200, -200, 0);
            sleep (80);
        }
        else if (DI3==1 || DI2==1)
        {
            move (-200, -300, 0);
            sleep (800);
            move (200, 100, 0);
            sleep (500);
        }
        else
        {
            move (100, 250, 0);
        }
    }
}
void adjust ()
{
    Mprintf (1," AD2=%d", AD2);
    Mprintf (1," AD3=%d", AD3);
    if (AD8<500)
    {
        M_fire ();
    }
}
```

```
        else
        {
            if (AD2>600 | | AD3>600)
            {
                if (AD2-AD3>50)
                {
                    move (200, 150, 0);
                    sleep (500);
                }
                else
                {
                    if (AD3-AD2>50)
                    {
                        move (200, 200, 0);
                    }
                    else
                    {
                        move (180, 180, 0);
                    }
                }
            }
        }
    }
    void M _ fire ()
    {
        stop ();
        sleep (1000);
        if (AD2>=300 | AD3>=300)
        {
            DO (5, 1);
            sleep (10000);
            DO (5, 0);
            move (-160, -165, 0);
            sleep (1000);
            move (200, -200, 0);
            sleep (1200);
            move (180, 185, 0);
            sleep (2000);
        }
    }
```

7.17　实训 17：具有语音报站功能的智能寻迹机器人

7.17.1　实训目的

1）熟悉 MP3 播放卡的硬件结构。
2）了解 MP3 播放卡在机器人上的安装。
3）熟悉 MP3 播放卡的通信协议，掌握控制方法。
4）进一步掌握寻迹机器人的工作原理。

7.17.2　实训设备

1）带串口计算机一台。
2）MT-U 智能机器人一台。
3）下载线一根。
4）MP3 播放卡一个。

7.17.3　实训内容及步骤

1. 综合叙述

MP3 播放卡作为机器人的语音输出设备之一，具有较好的音质效果。播放卡与机器人间为串口通信，通过机器人的指令能很方便地实现语音模块的控制。播放卡的通信协议如下：

波特率：9600bit/s，一位起始位，一位停止位。指令间隔最少为 15ms。

每条指令是 1B（字节），指令用途及格式见表 7-1。

表 7-1　MP3 播放卡指令用途及格式

序号	指令用途	指令格式	返回值	备注
1	指定播放第几首	第几首（0＜128＞0）	第几首	播放范围为从 1～128 首歌曲中任选，发出播放指令，若 15ms 后未收到返回信息，则重新发出播放指令
2	读回当前歌曲的总时间	0x81		秒
3	查询状态	0x82	1～8	1 停止；2 暂停；3 播放；4 查询；5 录音；6 快进；7 快退；8 删除
4	查询当前曲目播放的时间	0x83	返回两字节：分秒	
5	暂停/播放	0x84	0x84	
6	音量	0x85/0x86	0x85/0x86	0x85：音量＋；0x86：音量－
7	快进退	0x87/0x88	0x87/0x88	0x87：快进；0x88：快退
8	A-B 重复	0x89	0x89	第一次设 A 点；第二次设 B 点；第三次正常播放；注意：在播放状态下才有此功能

续表

序号	指令用途	指令格式	返回值	备注
9	Flash 总空间和剩余空间	0x8C/0x8D	M×256＋m（以 MB 为单位）	0x8C：总空间；0x8D：剩余空间
10	停止快进快退	0x8e	0x8e	
11	停止播放	0x8F	0x8F	可以控制"播放"或"录音"状态
12	取得音量值	0x90	音量	
13	上一首/下一首	0x91/0x92	0x91/0x92	
14	查询总歌曲数	0x93	歌曲数	1 个字节
15	查询当前歌曲号	0x94	当前歌曲号	1 个字节
16	设置播放速度	0xA0＋速度	0x8F 00 0xAA	速度可在 0～24 之间变化，正常播放时的速度值为 12
17	设置 EQ 音效值	0xB0 ＋ EQ	0xB0 ＋ EQ	EQ 值：1 自然；2 重低音；3 摇滚；4 爵士；5 流行；6 柔和；7 古典
18	设置循环值	0xC0＋ REPEAT	0xC0 ＋REPEAT	REPEAT 值：1 单曲播放到尾；2 单曲循环；3 全部播放；4 全部循环

　　下载到 MP3 播放卡中的歌曲一般为 mp3 格式。在播放卡中对歌曲的排序是依据歌曲复制到 Flash 中的先后顺序排列的，第一次复制到播放卡中的即为第一首歌曲。歌曲的数量最大为 128。用户如果要在播放卡中加入自己的录音，可以先把语音录入到计算机中，再用转换工具转成 MP3 格式下载到播放卡中。在从计算机中下载文件到播放卡时，要把播放卡的串口与机器人的串口接好并打开机器人电源，因为播放卡的电源是由机器人提供的。

　　2. 硬件安装

　　1）用螺钉将扩展卡固定在扩展板上。

　　2）将扩展板安装到机器人上，安装后如图 7-58 所示。

图 7-58　MP3 播放扩展板安装图

　　3. MP3 播放卡的使用

　　1）智能机器人自带的 MP3 播放卡是一个完整的模块，向内下载音乐时，用户只需用普通的 MP3 下载线将 MP3 播放卡和 PC 相连接，其下载方式和普通的 MP3 下载方式相同。

2）用户可以应用下面的一段程序练习使用 MP3 播放卡。

程序流程图如图 7-59 所示，这里给出的流程图与后面给出的源代码不是完全对应的，流程图给出的是播放一首歌的整个过程，而代码给出的是播放两首歌曲。

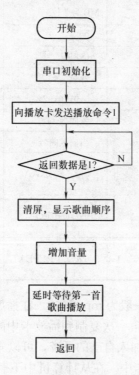

图 7-59　MP3 播放卡测试程序流程图

7.17.4　参考程序

```
#include <stdio. h>
#include " ingenious. h"
unsigned int receivedata=0, i=0;
void main ()
{
    serial _ init (9600);
    while (1)
    {
        serial _ send (2, 1);
        receivedata=serial _ receive (2);
        while (receivedata! =1)
        {
            receivedata=serial _ receive (2);
        }
        Clr _ Screen ();
        Mprintf (3," song=%d", receivedata);
```

```
        serial_send (2, 0x0085);
        for (i=1; i<30; i++)
        {
            receivedata=serial_receive (2);
            while (receivedata! =0x0085)
            {
                receivedata=serial_receive (2);
            }
            sleep (30);
            serial_send (2, 0x0085);
        }
        sleep (20000);
        serial_send (2, 2);
        receivedata=0;
        while (receivedata! =2)
        {
            receivedata=serial_receive (2);
        }
        Clr_Screen ();
        Mprintf (3," song=%d", receivedata);
        sleep (5000);
    }
}
```

上述程序中几个函数的说明如下：

serial_init (9600)：串口初始化，设置串口波特率。

serial_send (2, t)：串口发送数据函数，2 为串口号，在机器人的扩展板上一共有两个串口；t 为串口发送的内容。

serial_receive (2)：串口数据接收函数，2 为串口号，如果是接收来自串口 1 的数据时，把函数改为 serial_receive (l) 即可。

Clr_Screen ()：清屏。

Mprintf (3," song=%d", receivedata);：3 为数据显示在第 3 行。可以显示的行数为1、3、5、7，程序中改为行数对应数字即可。

下面的一段程序就是在寻迹的基础上加了音乐报站功能，实际使用时，用户需在原来的寻线轨迹上粘贴上与轨迹垂直的黑色胶带。

音乐报站程序流程图如图 7-60 所示。

源代码如下：

```
#include <stdio.h>
#include "ingenious.h"
int AD7 = 0;
```

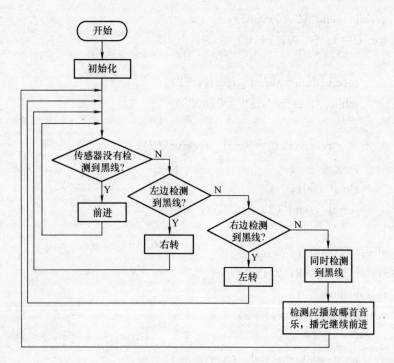

图 7-60　音乐报站程序流程图

```
int AD8 = 0;
unsigned int receivedata=0, i=0;
void music _ stop ();
void music _ play (int i);
int j=0;
void main ()
{
    serial _ init (9600);
    while (1)
    {
        AD7=AD (7);
        AD8=AD (8);
        Mprintf (1," AD7=%d", AD7);
        Mprintf (7," AD8=%d", AD8);
        if ((AD7>600) && (AD8>630))
        {
            stop ();
            j++;
            music _ play (j);
            move (150, 150, 0);
            sleep (200);
            if (j==4)
```

```
            {
                j=0;
            }
        }
        else
        {
            if (AD7>600)
            {
                move (70, 160, 0);
            }
            else
            {
                if (AD8>630)
                {
                    move (170, 70, 0);
                }
                else
                {
                    move (100, 100, 0);
                }
            }
        }
    }
}
void music _ stop ()
{
    serial _ send (2, 0x0084);
    receivedata=0;
    while (receivedata! =0x0084)
    {
        receivedata=serial _ receive (2);
    }
}
void music _ play (int i)
{
    int t;
    t=i;
    music _ stop ();
    serial _ send (2, t);
    receivedata=serial _ receive (2);
```

```
    while（receivedata！＝t）
    {
        receivedata＝serial _ receive（2）；
    }
    Clr _ Screen（）；
    Mprintf（1,"song＝%d"，receivedata）；
    sleep（5000）；
    music _ stop（）；
}
```

7.18　实训 18：可二次开发的图像处理模块的使用

7.18.1　实训目的

1）基本了解图像处理的过程。
2）熟悉可二次开发图像处理模块的使用。

7.18.2　实训设备

1）带串口计算机一台。
2）MT-U 智能机器人一台。
3）下载线一根。
4）摄像头一个。
5）图像采集卡一个。

7.18.3　实训内容及步骤

1. 综合描述

视觉是人类获得外界信息的主要途径，让机器人拥有接近人一样的视觉系统是研究人员一直以来的追求，机器人视觉是使机器人具有视觉感知功能的系统。机器人通过视觉传感器获取环境的二维图像，并通过视觉处理器进行分析和解释，进而转换为符号，让机器人能够辨识物体，并确定其位置，机器人视觉广义上称为机器视觉。美国机器人工业协会（Robotic Industries Association，RIA）对机器视觉下的定义为"机器视觉（Robot Vision）是通过光学的装置和非接触的传感器自动地接收和处理一个真实物体的图像，以获得所需信息或用于控制机器人运动的装置"。

视觉技术是近几十年来发展的一门新兴技术，机器人视觉广泛地应用于各个领域中，机器视觉可以代替人类的视觉从事检验、目标跟踪、机器人导向等方面的工作，特别是在那些需要重复、迅速地从图像中获取精确信息的场合。本项目要完成的功能就是使机器人识别出红色乒乓球，并获得球的位置坐标，机器人根据返回的坐标跟踪球的运动。

目标跟踪机器人系统结构如图 7-61 所示。

尽管机器视觉应用各异，但一般都包括以下两个过程：

1）图像采集光学系统采集图像，图像转换成模拟格式并传入存储器。图像处理器运用

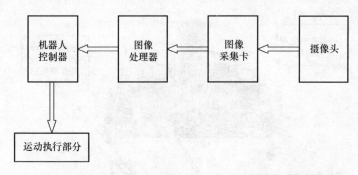

图 7-61 目标跟踪机器人系统结构图

不同的算法来提高对结论有重要影响的图像要素。图像采集卡主要完成对模拟视频信号的数字化过程。视频信号首先经低通滤波器滤波,转换为在时间上连续的模拟信号;按照应用系统对图像分辨率的要求,使用采样/保持电路对连续的视频信号在时间上进行间隔采样,把视频信号转换为离散的模拟信号;然后再由 A-D 转换器转变为数字信号输出。特性提取处理器识别并量化图像的关键特性,例如印制电路板上洞的位置或者连接器上引脚的个数。然后将这些数据传送到控制程序。

2) 判决和控制,处理器的控制程序根据收到的数据做出结论。视觉信息的处理技术主要依赖于图像处理方法,它包括图像增强、数据编码和传输、平滑、边缘锐化、分割特征抽取、图像识别和理解等内容。

2. 可二次开发图像处理模块的基本应用

图像处理模块由三部分构成,即摄像头、采集卡和图像处理卡。下面介绍各部分在机器人上的安装方法。

图 7-62 为摄像头在扩展板上的安装方式图,在摄像头上引出两根线,分别为两芯和三芯线。两芯线为视频输出线,接图像采集卡上的视频输入接口,三芯线为电源接口线,接本体扩展板上的 DI 或者 DO 接口。

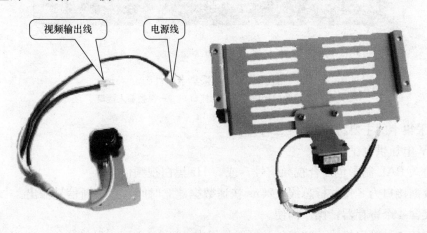

图 7-62 摄像头在扩展板上的安装方式图

图 7-63 为安装在扩展板上的可二次开发图像处理模块,只要将扩展支架固定在机器人本体上,将数据电源线接在相应的接口上即可。

图像处理模块分为硬件和软件两个部分,硬件指的是图像处理模块,软件是做颜色标定

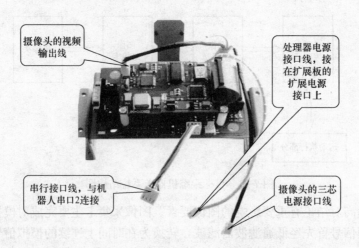

摄像头的视频输出线

处理器电源接口线，接在扩展板的扩展电源接口上

串行接口线，与机器人串口2连接

摄像头的三芯电源接口线

图 7-63　安装在扩展板上的可二次开发图像处理模块

的上位机程序。下面首先介绍硬件图像处理卡的硬件结构。

（1）图像采集卡　图像采集卡（型号 MT-VC）硬件图如图 7-64 所示。

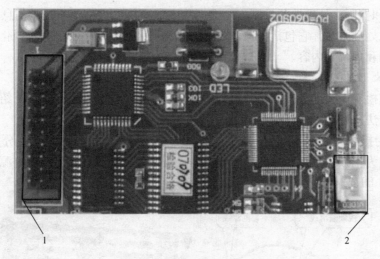

图 7-64　图像采集卡硬件图

1—总线数据接口（含电源接口）　2—视频输入接口

图像采集卡的主要特性如下：

1）5V 电压供电。

2）输入 PAL 制彩色复合视频信号，或 50Hz 黑白视频信号。

3）数据接口为 8 位并行总线，25ns 快速数据建立时间，含中断信号输出。

4）仅含 4 个寄存器，操作简便。

5）支持 4 种输出格式：320×240×8bit 黑白，320×240×16bit 彩色，640×240×16bit 彩色，640×480×8bit 黑白。

6）内含 3Mbit FIFO 帧存储器。

7）每次采集并缓存 1 帧，支持最高 25 帧/s 采集速度。

图象采集卡的引脚功能见表 7-2。

表 7-2　图像采集卡的引脚功能

视频输入接口

引脚号	名称	状态	功能
1	VGND	信号地	模拟视频信号地
2	VIN	输入	模拟视频信号输入

总线数据接口

引脚号	名称	状态	功能
1	GND	电源输入	电源地
2			
3	VDD	电源输入	5V 电源
4			
5	INT	输出	中断信号输出
6	$\overline{RD}$	输入	读（低电平有效）
7	$\overline{WR}$	输入	写（低电平有效）
8	A0	输入	地址总线
9	A1	输入	地址总线
10	$\overline{CE0}$	输入	片选 0（低电平有效）
11	$\overline{CE1}$	输入	片选 1（低电平有效）
12	CE2	输入	片选 2
13	D7	输入/输出/高阻	数据总线
14	D6	输入/输出/高阻	数据总线
15	D5	输入/输出/高阻	数据总线
16	D4	输入/输出/高阻	数据总线
17	D3	输入/输出/高阻	数据总线
18	D2	输入/输出/高阻	数据总线
19	D1	输入/输出/高阻	数据总线
20	D0	输入/输出/高阻	数据总线

图像采集卡信号真值表见表 7-3。

表 7-3　图像采集卡信号真值表

CE2	$\overline{CE1}$	$\overline{CE0}$	$\overline{RD}$	$\overline{WR}$	D7~D0 数据总线状态
1	0	0	0	0	高阻
1	0	0	0	1	输出
1	0	0	1	0	输入
1	0	0	1	1	高阻
其他			—	—	高阻

图像采集卡寄存器寻址表见表 7-4。

表 7-4　图像采集卡寄存器寻址表

$\overline{RD}$	$\overline{WR}$	A0	A1	寻址寄存器	属性
1	0	0	0	CAP _ CTL（采集控制寄存器）	只写
1	0	1	1	CAP _ MODE（采集模式寄存器）	只写
0	1	0	0	CAP _ YUV（像素数据寄存器）	只读
0	1	1	1	CAP _ STU（采集状态寄存器）	只读
—	—	其他	保留		

图像采集卡寄存器位定义见表 7-5。

表 7-5　图象采集卡寄存器位定义表

位定义 ＼ 名称	CAP _ CTL	CAP _ MODE	CAP _ YUV	CAP _ STU
D7	—	—	YUV7	—
D6	—	—	YUV6	—
D5	—	—	YUV5	—
D4	—	—	YUV4	—
D3	—	—	YUV3	—
D2	—	—	YUV2	CAP _ FINISH480
D1	—	MODE1	YUY1	CAP _ FINISH240
D0	—	MODE0	YUV0	CAP _ FINISH10

注：表中"—"表示不确定或任意值。

表 7-5 中寄存器的描述说明如下：

1）CAP _ CTL（采集控制寄存器）：此寄存器是一个虚拟的寄存器，主机对此寄存器写入任意值时，内部产生 CAP _ START 脉冲，启动一次采集过程。

2）CAP _ MODE（采集模式寄存器）：主机通过此寄存器来设定采集模式（输出图像的格式）。

CAP _ MODE 采集模式设置见表 7-6。

表 7-6　CAP _ MODE 采集模式设置

采集模式	MODE1	MODE0	输出图像格式
0	0	0	320×240×8bit 黑白
1	0	1	320×240×16bit 彩色
2	1	0	640×240×l6bit 彩色
3	1	1	640×480×8bit 黑白

3）CAP _ YUV（像素数据寄存器）：主机通过读此寄存器来获取图像数据。

4）CAP _ STU（采集状态寄存器）：主机通过查询这个寄存器来获取采集过程中的进度信息，见表 7-7。

表 7-7　CAP _ STU 寄存器的描述说明

CAP _ FINISH10	在 CAP _ START 脉冲上升沿清零 第 10 行像素数据写入 FIFO 时置 1
CAP _ FINISH240	在 CAP _ START 脉冲上升沿清零 第 240 行像素数据写入 FIFO 时置 1
CAP _ FINISH480	在 CAP _ START 脉冲上升沿清零 第 480 行像素数据写入 FIFO 时置 1

输出数据结构描述说明：

1) 对于模式 0 和模式 3，采集的图像是黑白图像，仅含一个亮度分量 Y，描述每个像素只需要 1 个字节。对于模式 0，总的数据量是：$320 \times 240B = 76800B$，主机读 FIFO 时首先读得的是图像的第 1 行的第 1 个像素（最上边一行的最左边的像素），然后读得的是第 1 行的第 2 个象素，以此类推，图像数据按照从左到右、从上到下的顺序依次输出。对于模式 3，总的数据量是：$640 \times 480B = 307200B$，由于采用两场拼合的方式，首先读得的是图像中的奇数行的数据，然后是偶数行，即首先输出第 1、3、5、…、439 行的数据，紧接着是第 2、4、6、…、480 行的数据，每行 640 个字节。由于模式 3 实际上连续采集了两场，所以如果只读 $640 \times 240B = 153600B$ 的数据，那么得到的就是一帧像素分辨率为 640×240 的黑白图像。

2) 对于模式 1 和模式 2，采集的图像是彩色图像，除亮度分量 Y 外，还有色度分量 U、V。图像格式遵循 YUV422 标准，U 或 V 分量的水平采样率是 Y 分量的 $1/2$，描述每个像素平均需要 2 个字节。对于模式 1，总的数据量为 $320 \times 240 \times 2B = 153600B$，主机首先读得第一行的数据，每行共 320 像素，640B，在一行中数据输出的顺序为 U0、Y0、V0、Y1、U1、Y2、V1、Y3、…、Un、Y2n、Vn、Y2n+1、…、U159、Y318、V159、Y319，以此类推。对于模式 2，总的数据量为 $640 \times 240 \times 2B = 307200B$，主机首先读得第一行的数据，每行共 640 像素，1280B，在一行中数据输出的顺序与模式 1 不同，为 Y0、U0、Y1、V0、Y2、U1、Y3、V1、…、Y2n、Un、Y2n+1、Vn、…、Y638、U319、Y639、V319，以此类推。

（2）图像处理卡（型号 MT-VC）　该图像处理卡的处理器采用 TI 公司的 32 位高性能定点数字信号处理器 TMS320F2812，最高工作频率可达 150MHz。该图像处理卡可工作在图像采集和图像处理两种工作模式；采用 5V 直流电源供电；外扩 $512KB \times 16bit$ SRAM，用来缓存图像数据；具有两路串行通信接口：RS-232 和 UART，默认波特率为 115200bit/s，可分别与 PC 和 MT-U 进行数据交换；具有一路 CAN 总线通信接口；具有两路电动机控制接口，可实现两轴电动机的闭环控制。

接口说明如图 7-65 所示。

图像处理卡有两种工作模式，即图像采集和图像处理模式。图像采集的目的是对机器人跟踪的目标在工作环境下实现特征的标定。处理卡通过串口线与 PC 连接，然后再通过 PC 端的处理软件对图像进行采样，PC 端的处理软件是使用 VC. net 语言实现，应用程序采用基于对话框模式。图像采集模式分为四种：320×240 黑白、320×240 彩色、640×240 彩色、640×480 黑白。下面以采集模式为 320×240 彩色图像为例来说明图像采集的过程。打开上位机软件，先将串口线一端插入 PC（COM1 端），另一端插入 MT-U 智能机器人的图像处理卡上的串口。打开机器人开关，现在我们要采集的是 320×240 彩色图像，单击软件

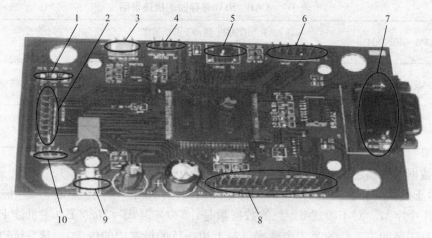

图 7-65 图像处理卡接口说明图

1—LED 指示灯（显示 3.3V 电源、运行、1.8V 电源的状态） 2—VC302 图像采集卡接口

3—CAN 总线通信接口（CANH、CANL、GND） 4—UART 接口（TXD、RXD、GND）

5—复位开关 6—JTAG 接口 7—RS-232 接口 8—两路电动机控制接口

9—5V 电源接口 10—MP/MC 跳线（默认使用 MC 模式

上的"采集 320 ∗ 240 彩色"按钮，如图 7-66 所示，这样就开始对目标物体进行采集，上位机做了一些图像处理的算法，能够得到目标物体的中心点坐标。

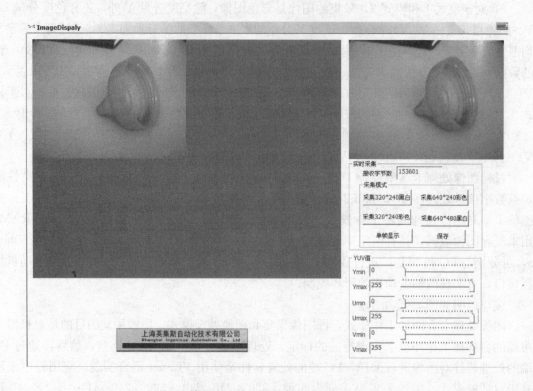

图 7-66 采集 320×240 彩色图像操作图

通过调整图像处理显示界面的 YUV 滑块，保留要追踪的图像效果图，如图 7-67 所示。

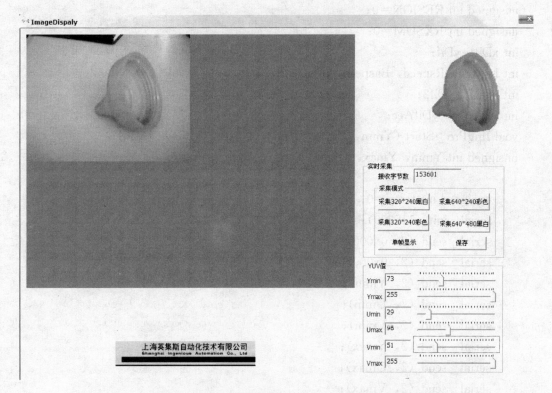

图 7-67　通过调整图像处理显示界面 YUV 滑块后保留图像效果图

单击"保存"按钮，要跟踪物体的 YUV 值（86，177，12，103，0，255）就会自动保存到 C 盘根目录下的 image. txt 文件中，复制这些值，用它们替换要下载到机器人中的 im . age. c 程序的 ImgPro_Start（Ymin, Ymax, Umin, Umax, Vmin, Vmax）。拔掉机器人与计算机相连的串口线，运行机器人就可以追踪物体。

7.18.4　参考程序

1. 程序结构图

程序结构图如图 7-68 所示。

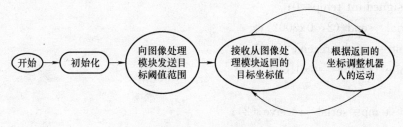

图 7-68　程序结构图

2. 程序代码

```
#include " stdio. h"
#include " ingenious. h"
unsigned int ReceiveBuf [4] = {0, 0, 0, 0};
```

```c
unsigned int RESIGN=0;
unsigned int RXSUM=0;
int xDif, yDif;
int Lspeed, Rspeed, Baspeed, difspeed;
int xDif2, yDif2;
int xDifAcc, yDifAcc;
void ImgPro_Start (Ymin, Ymax, Umin, Umax, Vmin, Vmax)
unsigned int Ymin, Ymax, Umin, Umax, Vmin, Vmax;
{
    unsigned int temp=0;
    serial_init (115200);
    serial_send (2, 0x0001);
    serial_send (2, 0x0001);
    serial_send (2, Ymin);
    serial_send (2, Umin);
    serial_send (2, Vmin);
    serial_send (2, Ymax);
    serial_send (2, Umax);
    serial_send (2, Vmax);
    temp=serial_receive (2);
    while (! (temp==0x00A5))
    {
        temp=serial_receive (2);
    }
    Mprintf (1," temp=%d", temp);
}
void ball_position_get ()
{
    unsigned int temp=0;
    serial_send (2, 0x0002);
    temp=serial_receive (2);
    while (temp==0x0100)
    {
        temp=serial_receive (2);
    }
    ReceiveBuf [0] = temp;
    temp=serial_receive (2);
    while (temp==0x0100)
    {
        temp=serial_receive (2);
```

```
        }
        ReceiveBuf [1] = temp;
        temp=serial _ receive (2);
        while (temp==0x0100)
        {
            temp=serial _ receive (2);
        }
        ReceiveBuf [2] = temp;
        while (temp==0x0100)
        {
            temp=serial _ receive (2);
        }
        ReceiveBuf [3] = temp;
        xDif=ReceiveBuf [0] & 0x00FF;
        xDif=xDif<<8;
        xDif | =ReceiveBuf [1] & 0x00FF;
        yDif=ReceiveBuf [2] & 0x00FF;
        yDif=yDif<<8;
        yDif | =ReceiveBuf [3] & 0x00FF;
}
void move _ control ()
{
        if (xDif>100)
        {
            move (160, -160, 0);
        }
        else if (xDif<-100)
        {
            move (-160, 160, 0);
        }
        else
        {
            move (200, 200, 0);
        }
}
void main (void)
{
        xDif=-160;
        yDif=0;
        Lspeed=Rspeed=Baspeed=difspeed=0;
```

```
        xDif2＝yDif2＝0;
        xDifAcc＝yDifAcc＝0;
        ImgPro_Start (91, 251, 23, 95, 134, 189);
        while (1)
        {
            ball_position_get ();
            Mprintf (1," yDif＝%d", yDif);
            Mprintf (7," xDif＝%d", xDif);
            move_control ();
            Clr_Screen ();
        }
    }
```

7.19　实训 19：野外探险机器人的扩展功能

7.19.1　实训目的

1) 进一步了解遥控机器人的控制原理。

2) 熟悉图像处理过程。

3) 接触语音控制操作流程。

7.19.2　实训设备

1) 带串口计算机一台。

2) MT-U 智能机器人一台。

3) 下载线一根。

4) 无线通信套件一套。

5) 无线摄像头一套。

6) 传声器一个。

7.19.3　实训内容及步骤

1. 功能

1) 远程运动控制。

2) 远程运动目标跟踪。

3) 远程语音控制。

2. 操作步骤

(1) 远程运动控制方法

1) 硬件配置：无线通信套件（包括无线通信模块、PC 端无线通信模块）一套、无线摄像头一套。

2) 软件安装使用如下：

① 将厂家配套光盘里的程序（MT-U 智能机器人远程视觉跟踪 \ MT-U 程序 \ Video-

Tracer. c）通过机器人编程软件下载到 MT-U 智能机器人内，然后选择运行。

② 双击运行 VideoTracer. exe 文件，弹出远程运动控制界面，如图 7-69 所示。

③ 选择"基本运动"单选按钮。

④ 单击"开始"按钮。

⑤ 单击"前进""后退""左转""右转""停止"等按钮。

⑥ 此时 MT-U 智能机器人可以通过远程控制运动。

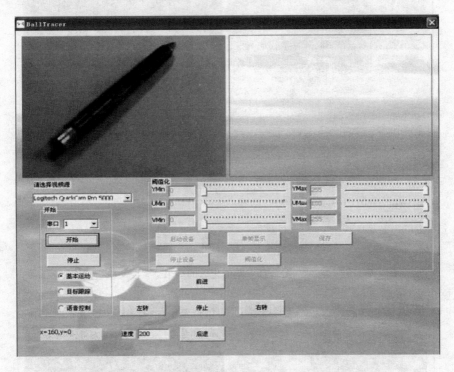

图 7-69　远程运动控制界面

（2）远程运动目标跟踪

1）硬件配置：无线通信套件（包括无线通信模块、PC 端无线通信模块）一套、无线摄像头一套。

2）软件安装使用如下：

① 将厂家配套光盘里的程序（MT-U 智能机器人远程视觉跟踪 \ MT-U 程序 \ Video-Tracer. c）通过机器人编程软件下载到 MT-U 机器人内，然后选择运行。

② 双击运行 VideoTracer. exe 文件。

③ 单击"启动设备"按钮，将要跟踪的物体放在摄像头前，再单击"单帧显示"→"阈值化"按钮，拖动滚动条，使右侧图像中滤除掉其他杂色，如图 7-70 所示，然后单击"保存"按钮，最后单击"停止设备"按钮即可。如果这次颜色值保存好，下次运行程序时可省掉这一步。

④ 选择"目标跟踪"单选按钮，然后单击"开始"按钮，弹出远程目标跟踪界面，如图 7-71 所示，此时机器人会跟着物体运动起来了。

（3）远程语音控制

1）硬件配置：无线通信套件（包括无线通信模块、PC 端无线通信模块）一套、无线

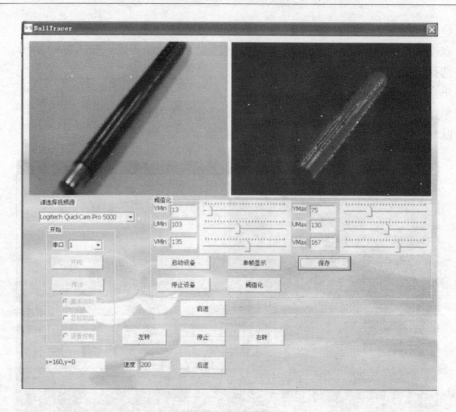

图 7-70　阈值化后的结果

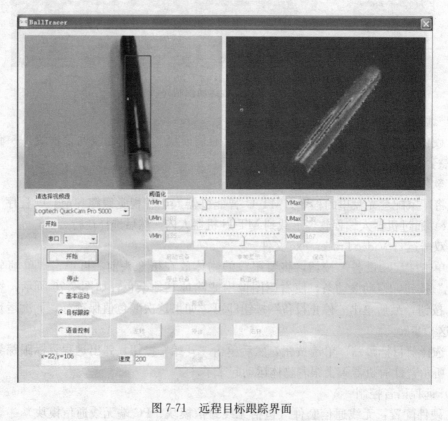

图 7-71　远程目标跟踪界面

摄像头一套、传声器一个。

2）软件安装使用。首先要确保有一个能良好输入的传声器，然后在自己的操作系统中进行语音训练，语音训练工具通过控制面板进行语音训练文件的配置，然后按步骤操作即可。

① 将厂家配套光盘里的程序（MT-U 智能机器人远程视觉跟踪 \ MT-U 程序 \ Video-Tracer. c）通过机器人编程软件下载到 MT-U 智能机器人内，然后选择运行。

② 双击运行 VideoTracer. exe 文件。

③ 选择"语音控制"单选按钮，弹出的远程语音控制界面如图 7-72 所示，对着传声器用普通话说："前进""后退""左转""右转""停止"等，可以控制机器人执行相应的动作。

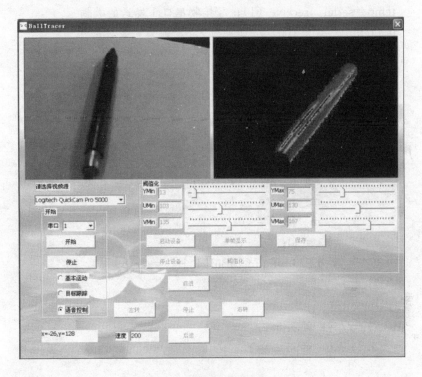

图 7-72　远程语音控制界面

7.19.4　参考程序

源程序如下：

```c
#include <stdio. h>
#include " ingenious. h"
char m_buff [10];
int xDif=0, yDif=0, TypeSel=0;
/* *TypeSel 类型选择：0 为基本运动，1 为目标跟踪，2 为语音控制。TypeSel 为 0
或 2 时，xDif 和 yDif 表示左右轮速度；为 1 时表示目标在图像中的坐标，xDif 在 -160~
+160 之间变化；yDif 的范围为 0~240 * */
static int xDif1=0, yDif1=0; //xDif1、yDif1 表示上一时刻目标物体的中心坐标
```

```
int i=0;
int m_nState = 0; //接收状态
int m_iBuff = 0; //接收数组的下标值
void ball_position_get () //获得串口数据
{
    char temp;
/**协议：A5（帧头）5A（帧头）00（类型）04（字节数）00 00（左轮速最高位为 1 时，
速度为负）00 00（右轮速最高位为符号位，为 1 时速度为负）5B（帧尾）B5（帧尾）**/
    for (i=0; i<10;)
    {
        temp=serial_receive (1); //接收串口 1 发送的数据
        if (temp! =0x0100) //如果为 256，则为无效数据
        {
            switch (m_nState)
            {
                case 0： //判断帧头 A5
                if (temp==165)
                {
                    serial_send (1, temp); //向串口 1 发送数据
                    m_nState = 1;
                    m_iBuff = 0;
                    i = 0;
                    m_buff [m_iBuff++] =temp;
                }
            break;
            case 1： //判断帧头 5A
                if (temp==90)
                {
                    serial_send (1, temp);
                    m_nState = 2;
                    m_buff [m_iBuff++] =temp;
                }
                else
                {
                    m_nState = 0;
                    m_iBuff = 0;
                    i = 0;
                }
            break;
            case 2： //接收中间数据
```

```
            m_buff [m_iBuff++] =temp;
            serial_send (1, temp);
            if (temp==91) //接收到帧尾 5B
            {
                m_nState = 3;
            }
            if (m_iBuff>3)
            {
                if (m_iBuff>m_buff [3] +5)
                {
                    m_iBuff = 0;
                    m_nState = 0;
                    i = 0;
                }
            }
            break;
        case 3: //接收到帧尾 B5
            m_buff [m_iBuff++] =temp;
            if (temp==181&&m_buff [3] ==4)
            //接收到帧尾并且数组中字节数正确时，整帧数据接收完毕
            {
                serial_send (1, temp);
```
/**此时上位机也会接收到这帧数据，上位机会对该数组进行比较，如果与发送的数组不相同，则会继续发送该数据，这样保证了数据的可靠性**/
```
                TypeSel = m_buff [2];
                if (m_buff [4] &0x80) //注意对符号进行判断
                {
                    xDif = - ( (m_buff [4] &0x7F) <<8 | m_buff [5]);
                }
                else
                {
                    xDif = m_buff [4] <<8 | m_buff [5];
                }
                if (m_buff [6] &0x80)
                {
                    yDif = - ( (m_buff [6] &0x7F) <<8 | m_buff [7]);
                }
                else
                {
                    yDif = m_buff [6] <<8 | m_buff [7];
```

```
                    }
                    m_iBuff = 0;
                    m_nState = 0;
                }
                else if (m_iBuff>10)
                {
                    m_iBuff = 0;
                    m_nState = 0;
                    i = 0;
                }
                break;
            }
            i++;
        }
    }
    m_nState = 0;
}
void move_control ()
{
    if (TypeSel==0 || TypeSel==2) //基本运动及语音控制
    {
        if (xDif>500)
        {
            xDif = 500;
        }
        else if (xDif<-500)
        {
            xDif = -500;
        }
        if (yDif>500)
        {
            yDif = 500;
        }
        else if (yDif<-500)
        {
            yDif = -500;
        }
        move (xDif, yDif, 0);
    }
    else if (TypeSel==1)
```

```
        {
            if（xDif==160）//表示没有发现目标物体
            {
                if（xDif1>=0）//上一时刻目标物体在机器人右侧
                {
                    move（150，−150，0）;
                }
                else if（xDif1<0）
                {
                    move（−150，150，0）;
                }
            }
            else
            {
                if（xDif1>150&&xDif1<160）
                {
                    move（150，−150，0）;
                }
                else if（xDif1<−150&&xDif1>=−160）
                {
                    move（−150，150，0）;
                }
                else if（xDif1>=−150&&xDif1<=150）
                {
                    move（200，200，0）;
                }
            }
            xDif1=xDif;
        }
}
void main（）
{
    serial_init（9600）;//串口初始化
    while（1）
    {
        ball_position_get（）;
        Mprintf（1,"%d", TypeSel）;
        Mprintf（3,"%d", xDif）;
        Mprintf（5,"%d", yDif）;
        move_control（）;
```

```
        Clr _ Screen ();
    }
}
```

习　题

1. 尝试下载厂家配套光盘自带的 sample 程序。

2. 用流程图写一个走圆的程序。

3. 编写机器人走正方形的程序。

4. 编写机器人变速前进的程序。

5. 编写一段自己喜欢的音乐。

6. 编程实现机器人在变速前进时，不同速度时播放不同的音乐。

7. 实训 4 与实训 7 结合起来写一程序，当不同方向的上碰撞开关碰到障碍物时机器人发出不同的音乐声，使人只要听声音就能判别障碍物的位置。

8. 实训 7 与红外线传感器结合起来写一避开障碍物的程序。

9. 在一个机器人的同一侧面已安装好两个 PSD，尝试编程实现机器人沿墙走功能。

10. 根据码盘反馈来调整机器人两轮的运行速度，使其能基本按照直线运动。

11. 设置一套多机器人协作舞蹈的程序，可以是两个、三个或者更多机器人间的通信。

12. 实训 14 结合实训 12，在一条黑色的寻迹线上，有已知个标记点。如图 7-73 所示，在 A、B 两点各放一台机器人，机器人相向寻黑色引导线而行，机器人运行速度不同，通过记忆节点的个数和无线模块通信告知各自所走过节点的个数，使两台机器人在走过节点之和等于总标记点之时停下。

图 7-73　黑色的寻迹线标记点

附　　录

附录A　MT-U智能机器人C语言2.0库函数

1. 执行器输出

(1) void stop ();

//关闭左右两个电动机，停止运动；函数无参数

(2) void move (int SPEEDL, int SPEEDR, int EXSPEED);

/＊＊同时设定两个电动机的速度，第三个参数用于扩展时使用

SPEEDL：左轮的速度，参数范围为0～1023

SPEEDR：右轮的速度，参数范围为0～1023

EXSPEED：在大学版机器人上用不到这个参数＊＊/

(3) void sleep (unsigned int TIME);

/＊＊用于延迟等待，时间单位为毫秒

TIME：为延时的时间，单位为毫秒，参数范围为0～1023＊＊/

(4) unsigned int DI (unsigned int channel);

/＊＊数字量数据输入函数

channel：数字输入端口通道号，参数范围为1～6＊＊/

(5) void DO (unsigned int channel, unsigned int value);

/＊＊数字量数据输出函数

channel：数字输出端口号，参数范围为1～5＊＊/

(6) unsigned int AD (unsigned int channel);

/＊＊模拟量传感器采集函数

channel：模拟输入端口，参数范围为1～8＊＊/

(7) void Clr _ Screen ();

/＊＊清屏函数，函数无参数＊＊/

(8) unsigned int Mprintf (unsigned int line, char ＊ str1, long num);

/＊＊显示函数

line：液晶显示屏显示行数

char ＊ str1：显示内容

num：显示参数＊/

(9) void Music (unsigned int MUSCIT, float FREQUENCY);

/＊＊音乐播放函数

MUSCIT: 时间

FREQUENCY: 音频 * * /

(10) unsigned int serial _ receive (unsigned int trannel);

/ * * 串口接收函数

trannel: 串口接收端口 * * /

(11) void serial _ init (unsigned long baud);

/ * * 串口初始化

baud: 串口通信的波特率 * * /

(12) void serial _ send (unsigned int trannel, unsigned int data);

/ * * 串口发送函数

trannel: 使用串口的通道

data: 要发送的数据 * * /

(13) void ServoControl (int SERVO1, int SERVO2, int SERVO3, int SERVO4, int SERVO5, int SERVO6, int SERVO7, int SERVO8);

//舵机控制, SERVO1~SERVO8: 舵机的旋转角度

(14) unsigned int IR _ CONTROL (unsigned int IN _ CHAN, unsigned int OUT _ CHAN);

//红外检测函数, IN _ CHAN: 红外输入端口, OUT _ CHAN: 红外发射端口

(15) unsigned int ad _ extend (unsigned int extend _ channel, unsigned int ad _ channel);

/ * * AD 扩展函数

extend _ channel: 扩展端口

ad _ channel: 扩展口上的端口 * * /

(16) void Lencode _ init ();

/ * * 左编码器初始化, 无参数 * * /

(17) void Rencode _ init ();

/ * * 右编码器初始化, 无参数 * * /

(18) unsigned long Lencode _ cap ();

/ * * 返回值为左编码器计数值, 无参数, 但能都返回左编码器计数值 * * /

(19) unsigned long Rencode _ cap ();

/ * * 返回值为右编码器计数值, 无参数, 但能都返回右编码器计数值 * * /

(20) void Lencode _ zero ();

//左编码器计数值清零函数

(21) void Rencode _ zero ();

//右编码器计数值清零函数

(22) void Langel _ encodeinit ();

/ * * 左角度编码器初始化函数, 无参数 * * /

(23) void Rangel _ encodeinit ();

/ * * 右角度编码器初始化函数，无参数 * * /

（24）int Langel _ encodecap （）;

/ * * 返回值为左角度编码器计数值，无参数 * * /

（25）int Rangel _ encodecap （）;

/ * * 返回值为右角度编码器计数值，无参数 * * /

（26）void Langel _ encodezero （）;

/ * * 左角度编码器计数值清零，无参数 * * /

（27）void Rangel _ encodezero （）;

//右角度编码器计数值清零

附录 B　MT-U 智能机器人的主要技术性能和参数

参数名称	性能指标
外形尺寸/mm×mm	220×180
质量（重量）/kg	≈2.1
运行	可实现 $R=0$ 转弯，速度可调，$V_{max} \geqslant 60cm/s$
电池	额定电压为 14.8V，锂电池，重复充电次数：1000 次
连续工作时间/h	≥2
串口速率/（bit/s）	9600
人机交互	可通过程序的下载，执行界定的功能并将信息反馈，实现人机交互
扩展	可进行机械、电子、软件的扩展，MTBUS+扩展
负载能力	
最大爬坡角度	

附录 C　MT-U 智能机器人的使用条件和使用环境要求

1. 大气条件

环境温度：0～40℃；

相对湿度：30%～90%；

大气压力：86～106kPa。

2. 电源条件

充电器电源：交流 220V，50Hz。

3. 操作系统条件

Windows 95/98/ME/NT4/2000/XP/7，有光驱，至少有一个九针串口的 PC 或者 USB 转串口。

附录 D　MT-U 智能机器人常见故障及维修方法

分类	故障现象	问题原因	解决方法
液晶屏	液晶板屏幕中间缺一列，液晶板接口接触不良	液晶板接口接触不良	重新接好液晶板插针
	液晶板显示字符混乱		
	液晶板第一行黑掉		
电池	控制面板上"低压"信号灯亮	电池没电	充电
	大学版机器人程序意外丢失		
	大学版机器人走走停停		
串口通信，大学版机器人连不上	大学版机器人没有响应	大学版机器人电源没打开	打开大学版机器人开关
		电池电压不足	充电
		该串口硬件有问题	更换另一个串口
		大学版机器人操作系统被破坏	重新下载操作系统
		串口线头过松，接触不好	重接或更换串口线
	不能打开串口	该串口被其他程序占用	更换另一个串口或退出有冲突的软件
运行问题	大学版机器人无原因地原地转圈	如果程序正确，通常是电池快没电了，电压过低，程序或操作系统丢失	充电，重新下载操作系统
	液晶屏显示"run time error XX"，并且大学版机器人运行失去控制	用户程序有错误，运行出错	查帮助里的"运行错误"一项，根据提示修改程序

附录 E　机器人竞赛信息及有关网站

1. http：//www.rcccaa.org/中国机器人大赛
2. http：//www.robocup.org/机器人世界杯
3. http：//www.crczgc.org/中国中关村机器人科技运动会官方网站
4. http：//www.robotpk.com/机器人竞赛网
5. http：//www.ercc.net.cn/中国教育机器人大赛
6. http：//www.xpartnercup.com/"能力风暴杯"（原未来伙伴杯）中国教育机器人大赛
7. http：//www.cnrobocon.org/全国大学生机器人大赛
8. http：//www.ingenious.cn/上海英集斯自动化技术有限公司
9. http：//www.robot-china.com/中国机器人网

参 考 文 献

[1] 张铁，谢存禧．机器人技术及其应用 [M]．北京：机械工业出版社，2012.
[2] 谭浩强．C 程序设计 [M]．4 版．北京：清华大学出版社，2010.